四川省精品课程配套用教材
国家示范性高等职业院校优质核心课程改革教材

建筑材料试验

主　编　韦　琴
副主编　王闺臣
主　审　周　萍

人民交通出版社

内 容 提 要

本教材是根据国家示范性高职院校课程资源建设要求，在《道路建筑材料》教材的基础上编写的。全书由5个学习任务组成，学习任务一为砌体工程材料性能检测；学习任务二为无机结合料材料性能检测；学习任务三为钢筋混凝土材料性能检测；学习任务四为沥青混合料材料性能检测；学习任务五为防水材料性能检测。

图书在版编目(CIP)数据

建筑材料试验/韦琴主编. —北京：人民交通出版社，2010.3

ISBN 978-7-114-08258-0

Ⅰ.①建… Ⅱ.①韦… Ⅲ.①建筑材料—材料试验—高等学校：技术学校—教材 Ⅳ.①TU502

中国版本图书馆 CIP 数据核字(2010)第 042321 号

四川省精品课程配套用教材

书　　名：国家示范性高等职业院校优质核心课程改革教材
建筑材料试验

著 作 者：韦　琴

责任编辑：戴慧莉

出版发行：人民交通出版社

地　　址：(100011) 北京市朝阳区安定门外外馆斜街3号

网　　址：http://www.ccpress.com.cn

销售电话：(010) 59757973

总 经 销：人民交通出版社发行部

经　　销：各地新华书店

印　　刷：北京市密东印刷有限公司

开　　本：787×1092　1/16

印　　张：9.25

字　　数：221千

版　　次：2010年3月　第1版

印　　次：2014年7月　第4次印刷

书　　号：ISBN 978-7-114-08258-0

定　　价：24.00元

四川交通职业技术学院
优质核心课程改革教材编审委员会

序 Xu

为贯彻教育部、财政部《关于实施国家示范性高等职业院校建设计划,加快高等职业教育改革与发展的意见》(教高【2006】14号)和《关于全面提高高等职业教育教学质量的若干意见》(教高【2006】16号)精神,作为国家示范性高等职业院校建设单位,我院从2007年开始组织探索如何设计开发既能体现职业教育类型特点,又能满足高等教育层次需求的专业课程体系和教学方法。三年来,我们先后邀请了多名国内外职业教育专家,组织进行了现代职业技术教育理论系统学习和职业技术教育课程开发方法系统的培训;在课程开发专家团队指导下,按照"行业分析,典型工作任务,行动领域,学习领域"的开发思路,以职业分析为依据,以培养职业行动能力为核心,对传统的学科式专业课程进行解构和重构,形成了以学习领域课程结构为特征的专业核心课程体系;与企业专业技术人员共同组成课程开发团队,按照企业全程参与的建设模式、基于工作过程系统化的建设思路,完成了10个重点建设专业(4个为中央财政支持的重点建设专业)核心课程的学材、电子资源、试题库、网络课程和生产问题资源库等内容的建设和完善,在课程建设方面取得了丰厚的成果。

对示范院校建设工程而言,重点专业建设是龙头;在专业建设项目中,课程建设是关键。职业教育的课程改革是一项长期艰苦的工作,它不是片面的课程内容的解构和重构,必须以人才培养模式创新为核心,实训条件的改善、实训项目的开发、教学方法的变革、双师结构教师团队的建设等一系列条件为支撑。三年来,我们以课程改革为抓手,力图实现全面的建设和提升;在推动课程改革中秉承"片面地借鉴,不如全面地学习",全面地学习和借鉴,认真地研究和实践;始终追求如何在课程建设方面做出中国特色,做出四川特色,做出交通特色。

历经1 000多个日日夜夜的辛劳,面对包含了我们教师团队心血,即将破茧的课程建设成果的陆续出版,感到几分欣慰;面对国际日益激烈的经济的竞争,面对我国交通现代化建设的巨大需求,感到肩上的压力倍增。路漫漫其修远兮,吾将上下而求索!希望更多的人来加入我们这个团结、奋进、开拓、进取的团队,取得更多更好的成果。

在这些教材的编写过程中,相关企业的专家给予了很多的支持与帮助,在此谨表示衷心的感谢!

四川交通职业技术学院院长

前　言

本学习材料是根据国家示范性高职院校课程资源建设要求,在《道路建筑材料》教材的基础上编写的,本教材具有以下特点:

(1)按道路工程建设过程及由易到难的学习认知过程编写各学习任务内容,以具体的工程设计资料贯穿整个学习过程。

(2)按现行国家标准、部颁行业标准和最新规范编写。

(3)本教材语言精炼、条理清晰、选材合理、图文并茂。

(4)本教材兼具试验指导书的功能,学生可通过阅读本教材,独立完成相关试验操作。

本书由四川交通职业技术学院韦琴担任主编,并负责全书统稿,王闰臣担任副主编。学习任务一由韦琴编写,学习任务二由王闰臣、韦琴编写,学习任务三由韦琴、黄梅编写,学习任务四由韦琴、敬庭智编写,学习任务五由韦琴、吴琦编写。

全书由周萍主审,在此表示感谢。

在编写过程中,四川交通职业技术学院的阮志刚、盛湧对本书提出了许多宝贵的意见和建议,在此表示深深的谢意。尤其感谢四川交通职业技术学院道路与桥梁工程系建材教研室的所有老师。

由于编者水平有限,加之时间仓促,书中错漏之处在所难免,恳请广大读者批评指正,以利我们修订重印。

编　者

2010 年 3 月

课程成绩的考核与评定

课程成绩的考核与评定采用多途径综合评分、过程评价与结果评价相结合的方式。过程评价在任务学习过程中进行,占总成绩的60%,结果评价在课程学习完成后集中进行,占总成绩的40%。

1. 过程考核:60分

(1)出勤:迟到、早退或中途擅自离开者,每次扣0.5分;病假、事假而未申请补做试验者,以旷课论,每学时扣1分。

(2)表现:要求预习学习材料,认真听取老师讲解,遵守实验室规则,认真操作,违者酌情扣分。

(3)试验报告:按完整、正确、整洁清晰、按时上交4个方面评分。不交报告或缺某次试验而未补写者,该次试验报告成绩为0分;迟交者扣5分。每个试验项目总分为60分,全期试验报告以各次得分的算术平均值计算。

以上3项平时考核总分为60分,凡不足36分者,取消期末考试资格。

2. 期末考试:40分

期末考试采用闭卷方式,为理论考试,总成绩为100分。

3. 学期课程总成绩

本课程期末总成绩计算方式为:全期实验报告得分的算术平均值+理论考试卷面成绩×40%。

目　　录

学习任务一　砌体工程材料性能检测

一、任 务 描 述

砌体工程广泛应用于道路桥梁工程中的砌筑圬工桥涵、沿线挡土墙和隧道衬砌当中。它主要是由岩石和砂浆砌筑而成。本次的学习任务是针对具体的工程设计资料，完成相关的原材料的试验检测、砂浆的配合比设计及根据设计结果配制混合料，并对其进行性能检测及结果评价。

二、学 习 目 标

(1)能辨别常用道路用岩石制品的种类及阐述其适用范围；

(2)描述岩石的物理常数指标的定义、测定方法及工程意义；

(3)分析密度、孔隙率对岩石各项性能的影响；

(4)描述砂的级配、物理常数指标的定义、测定方法及工程意义；

(5)描述水泥的概念、常用道路水泥的种类；

(6)描述水泥的各项技术指标的定义、测定方法及工程意义；

(7)按照试验规程，正确使用仪器、设备等进行岩石、砂、水泥及砂浆各项技术指标的测定；

(8)完成砌筑砂浆的配合比设计；

(9)根据试验数据，分析判断原材料性能是否满足工程要求，如不满足要求，可根据设计要求选择合格的材料；

(10)正确填写试验报告。

三、内容结构(图 1-1)

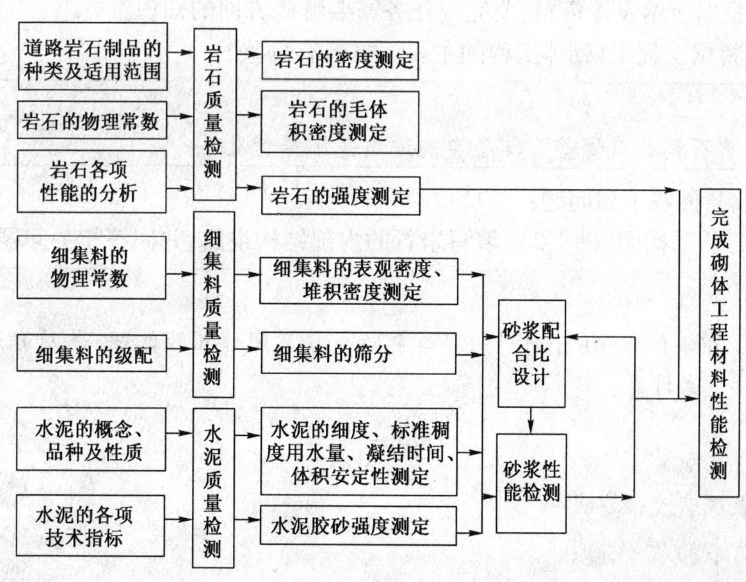

图 1-1　内容结构图

四、任 务 实 施

（一）项目引入

某道路工程采用浆砌片石挡土墙，材料为 M7.5 水泥砂浆砌筑 MU30 片石石料。

材料要求：

（1）石料。石料应符合设计规定的类别和强度要求，石质应均匀，不易风化，无裂纹；石料强度、试件规格及换算应符合设计要求，石料强度的测定应按现行规程执行。

片石一般是用爆破或楔劈法开采的石块，卵形和薄片者不得采用。用作镶面的片石，应选择表面较平整、尺寸较大者，并应稍加修整。

（2）砂。①砂的质量标准应符合混凝土工程相应的质量标准；②砂的最大粒径：用于砌筑片石时的砂，最大粒径不宜超过 5mm；③砂的含泥量：因本工程砌筑砂浆强度等级为 M7.5，因此，砂的含泥量应不大于 3%。

（3）水泥。水泥进场应有产品合格证和出厂检验报告，进场后应对其强度、安定性及其他必要的性能指标进行取样复试。其质量必须符合国家现行标准《通用硅酸盐水泥》（GB 175—2007）等的规定。

（4）水。砌筑砂浆所用的水宜采用饮用水，当采用其他水源时，应按有关标准确认合格后，方可使用。

砂浆按设计规定，片石挡土墙砌筑采用强度等级为 M7.5 的水泥砂浆砌筑、勾缝、抹面，砂浆的配合比应通过试验确定，砂浆应有良好的和易性，圆锥体沉入度为 50 ~ 70mm，气温较高时可适当增大。

（二）任务分解

任务一：岩石质量检测

根据设计资料，对岩石的质量要求是：岩石单轴抗压强度 MU30。

1. 学习准备

引导问题：根据所给设计资料，要完成任务需要哪些方面的知识？

（1）在道路桥梁工程中，砌体工程的主要原材料有哪些？

思考：

常用道路岩石制品有哪些？其各自的适用范围是什么？

（2）查阅资料，回答下列问题：

① 根据岩石的结构图（图 1-2），填写岩石的内部结构组成，并回答相关问题：

拓展知识：

表观密度，即单位体积（含材料的实体矿物成分及闭口孔隙体积）物质颗粒的干质量，用 ρ_0 表示。按下式计算：

$$\rho_0 = \frac{m}{V_0}$$

式中：ρ_0——表观密度，kg/m^3；

m——岩石的质量，kg；

V_0——岩石内部孔隙和矿质实体的体积，m^3。

岩石密度的计算公式是________________；毛体积密度的计算公式是________________。

岩石密度________________毛体积密度（大于、等于、小于）。

根据各密度计算公式，分别把密度、表观密度、毛体积密度所包含体积填充（涂黑）于图1-3中。

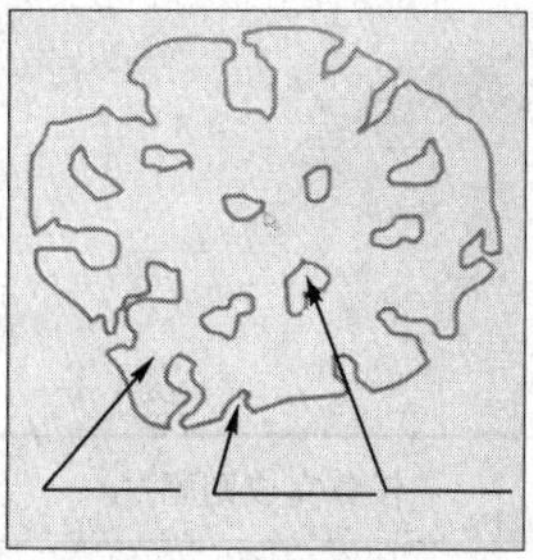

图1-2　岩石结构图

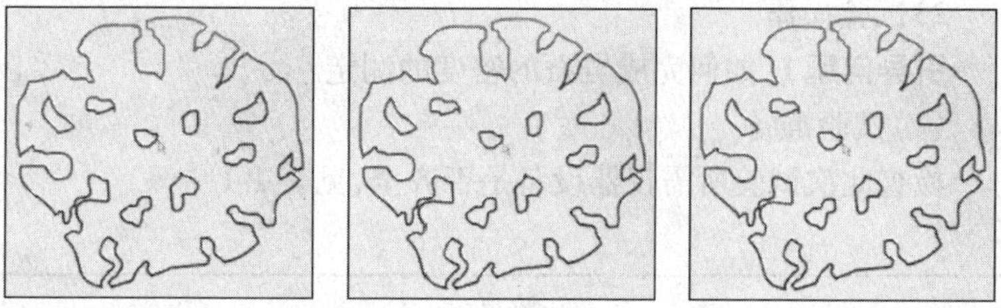

a)　b)　c)

图1-3　岩石密度图

a）密度；b）表观密度；c）毛体积密度

②岩石吸水性的两个指标是：________________和________________。

③ 岩石吸水性的两个指标有何异同？

____

____

____

④岩石的耐侯性包括________________和________________。

⑤ 根据克罗斯分类法，按照岩石中________________含量可以把岩石分为酸性石料、碱性石料和中性石料。

⑥ 根据所学知识，分析岩石的物理常数对岩石的吸水性、耐侯性、力学性质如何产生影响？

____

____

____

____

2. 计划与实施

1）试验方案选择

引导问题：根据《公路工程岩石试验规程》（JTG E41—2005）选择合适的试验方法对岩石进行检测。

①岩石密度试验采用________________法。

②岩石毛体积密度的试验方法有________________、________________、________________。

三种试验方法各自适用于什么材料？

____

____

____

根据所给设计资料，请你选择适当的试验方法并说明你选择该方法的原因。

你最终选择的试验方法为________________。

请说明你选择本试验方法的原因：____

____

____

____

③岩石强度试验采用________________法。

2)试验操作

引导问题1:如何完成岩石的密度的测定?

(1)试验准备

检查此次试验所需仪器设备是否齐全,见表1-1

表1-1

仪 器 设 备	任务完成则画"√"
密度瓶:短颈量瓶,容积100mL	□
天平:感量0.001g	□
轧石机、球磨机、瓷研钵、玛瑙研钵、磁铁块和孔径为0.3mm的筛子	□
砂浴、恒温水槽(灵敏度±1℃)及真空抽气设备	□
烘箱:能使温度控制在105~110℃	□
干燥器:内装氯化钙或硅胶等干燥剂	□
锥形玻璃漏斗和瓷皿、滴管、中骨匙和温度计	□

(2)试样制备

取代表性岩石试样,置于球磨机中磨细,过筛。

根据已学知识,分析为何要将岩石磨细:______________________________

根据不同的原材料,如何选择试液?

____

(3)试验步骤

① 将制备好的岩粉置入烘箱中烘干至恒重,再置入干燥器中备用。

烘干温度为________________;烘干时间为________________。

② 取两份试样,每份15g(m_1),用漏斗灌入洗净烘干的密度瓶中,并注入试液至瓶的一半处,摇动密度瓶使岩粉分散。

取样方法是________________;称量精度为________________。

提示:

(1)进行试验操作前,用一张白纸置于密度瓶下。

(2)使用漏斗时,注意保持干燥,使用中骨匙取试样时,注意一次取少量即可。

(3)用中骨匙轻轻击打漏斗壁,使岩粉在振动作用下灌入密度瓶。

(4)把掉落在白纸上的岩粉、粘在漏斗及中骨匙上的岩粉都用刷子扫入密度瓶中,整个过程尽量减少岩粉的质量损失。

(5)如果岩粉堵塞在漏斗口,可用铁丝进行疏导。

③排除试液内气体;

当使用洁净水作试液时，采用________________或________________法排除气体；当使用煤油作试液时，采用____法排除气体。

④将密度瓶擦干，冷却至室温，再注入同温度的试液，使其接近满瓶。待上部悬液澄清后，塞好瓶盖，使多余试液溢出，擦干瓶外水分，立即称其质量(m_3)。

⑤洗净密度瓶，再注入同温度试液，以相同的方法称取瓶子 + 试液的质量(m_2)。

(4)结果整理与分析

拓展知识：

(1)平行试验：同一批号试样取两个以上相同的样品，以完全一致的条件(包括温度、湿度、仪器、试剂，以及试验人)进行试验，比较其结果的一致性，两样品间的误差应符合国标或其他标准要求。

(2)重复性试验：用相同的方法，同一试验材料，在相同的条件下获得的一系列结果之间的一致程度。相同的条件是指同一操作者、同一设备、同一实验室和相同的时间间隔。

(3)再现性试验：用相同的方法，同一试验材料，在不同的条件下获得的单个结果之间的一致程度。不同的条件是指不同操作者、不同实验室、不同或相同的时间。

提示：

(1)计算结果精确至0.01g/cm^3。

(2)取两次试验结果的平均值为测定值，两次试验结果之差不能大于0.02g/cm^3，如超过则应重新进行试验。

计算岩石密度值：

$$\rho_t = \frac{m_1}{m_1 + m_2 - m_3} \cdot \rho_{wt} \tag{1-1}$$

式中：ρ_t——岩石的密度，g/cm^3；

m_1——岩粉的质量，g；

m_2——密度瓶与试液的合质量，g；

m_3——密度瓶、试液与岩粉的总质量，g；

ρ_{wt}——与试验同温度试液的密度，g/cm^3。洁净水密度由《公路工程岩石试验规程》(JTG E41—2005)附录查得，煤油的密度按下式计算：

$$\rho_{wt} = \frac{m_5 - m_4}{m_6 - m_4} \cdot \rho_w \tag{1-2}$$

式中：m_4——密度瓶的质量，g；

m_5——瓶与煤油的合质量，g；

m_6——密度瓶与经排除气体的洁净水的合质量，g；

ρ_w——经排除气体的洁净水密度(由《公路工程岩石试验规程》(JTG E41—2005)附录查得)，g/cm^3。

岩石密度试验记录表，见表1-2。

岩石密度试验记录表 表 1-2

<table>
<tr><td>试样编号</td><td colspan="3"></td><td>石料产地</td><td colspan="4"></td></tr>
<tr><td>岩石名称</td><td colspan="3"></td><td>用　途</td><td colspan="4"></td></tr>
<tr><td rowspan="2">试验次数</td><td rowspan="2">岩粉的质量 m_1(g)</td><td rowspan="2">密度瓶与试液的合质量 m_2(g)</td><td rowspan="2" colspan="2">密度瓶、试液与岩粉的总质量 m_3(g)</td><td colspan="2">密度 ρ_t(g/cm^3)</td><td rowspan="2">备注</td></tr>
<tr><td>单值</td><td>平均</td></tr>
<tr><td>1</td><td></td><td></td><td colspan="2"></td><td></td><td rowspan="2"></td><td rowspan="2"></td></tr>
<tr><td>2</td><td></td><td></td><td colspan="2"></td><td></td></tr>
<tr><td colspan="8">计算过程：</td></tr>
</table>

试验者________ 计算者________ 校核者________ 试验日期________

引导问题2:如何完成岩石的毛体积密度的测定?(以蜡封法为例,如需使用其他方法,请查阅相关试验规程)

(1)试验准备

检查此次试验所需仪器设备是否齐全,见表1-3。

表1-3

仪器设备	任务完成则画"√"
物理天平(感量0.01g)	□
石蜡(密度一般为0.93g/cm³)	□
软毛刷、细线、大烧杯	□
烘箱:能使温度控制在105~110℃	□

(2)试样制备

按照使用条件,将石料试样锤打成粒径约为50mm的不规则形状试件至少3块,或将石料试样制成边长为50mm的立方体试件(或直径与高均为50mm的圆柱体试件)3个,洗净烘干,注明编号备用。

(3)试验步骤

①从干燥器中取出试件,放在天平上称其质量m_0(精确至0.01g)。

②将石蜡加热熔化,在石蜡温度为55~58℃时,用软毛刷在石料试件表面涂上一层厚度不大于1mm的石蜡层,冷却后准确称出空气中涂有石蜡试件的质量m_1。

提示:

(1)石蜡冷却至表面形成一层薄膜时,方可进行操作。因为如果石蜡温度太高,会进入到岩石开口孔隙,使所测定毛体积不准确;而如果石蜡温度过低,则会在岩石表面形成过厚的石蜡层,从而影响试验精度。

(2)试验操作时,注意涂刷均匀,封蜡层厚度不宜过薄或过厚。

③将涂有石蜡的试件系于天平上,称出其在水中的质量m_2。

提示:

(1)加水时,应注意控制水温,不宜过热或过冷。过热会使石蜡融化,导致浸水;过冷会使石蜡开裂,也会引起浸水。

(2)称量时,水位应高出试件1cm左右,避免试件露出水面。

(3)试件浸入水中时,注意使试件位于容器中部,不要碰到容器底部或容器壁,同时要检查烧杯外壁不要与天平吊盘架立柱接触,以免影响读数。

④擦干试件表面的水分,在空气中重新称取蜡封试件的质量,检查此时蜡封试件的质量是否大于浸水前的质量m_1,如超过0.05g时,应取件重新测定。

(4)结果整理与分析

提示:

(1)计算结果精确至0.01g/cm³。

(2)组织均匀的岩石,其密度应为3个试件试验结果之平均值;组织不均匀的岩石,应记录其密度的最大与最小值

计算石料毛体积密度：

$$\rho_h = \frac{m_0}{V} \tag{1-3}$$

$$V = \frac{m_1 - m_2}{\rho_w} - \frac{m_1 - m_0}{\rho_p} \tag{1-4}$$

式中：ρ_h——石料毛体积密度，g/cm^3；

m_0——烘至恒重时的试件质量，g；

m_1——涂石蜡后的试件在空气中的质量，g；

m_2——涂石蜡后的试件在水中的质量，g；

V——石料体积，cm^3；

ρ_p——石蜡的密度，g/cm^3；

ρ_w——水的密度，计算时取 $1g/cm^3$。

岩石毛体积密度试验记录表见表1-4。岩石的孔隙率计算表见表1-5。

岩石毛体积密度试验记录表 表1-4

试样编号			石料产地				
岩石名称			用　途				
试验编号	烘干试件的质量 m_0(g)	涂蜡试件在空气中的质量 m_1(g)	涂蜡试件在水中的质量 m_2(g)	石料体积 V (cm^3)	毛体积密度 ρ_h (g/cm^3)		备注
					单值	平均值	
1							
2							
3							

岩石的孔隙率计算表（精确至1%） 表1-5

孔隙率	石料密度 ρ_t (g/cm^3)	石料毛体积密度 ρ_h (g/cm^3)	石料孔隙率(%) $n = \left(1 - \frac{\rho_h}{\rho_t}\right) \times 100\%$	备注
计算过程：				

试验者________计算者________校核者________试验日期________

引导问题3:如何完成岩石的强度测定?

(1)试验准备

检查此次试验所需仪器设备是否齐全,见表1-6。

表1-6

仪器设备	任务完成则画"√"
压力试验机或万能试验机	□
钻石机、切石机、磨石机等岩石试件加工设备	□
干燥器、游标卡尺、角尺及水池等	□
烘箱:能使温度控制在105~110℃	□

(2)试样制备

取6个规则试件进行平行试验。

①建筑地基用的岩石试件,标准尺寸为:直径__________、高径比为__________。

②桥梁工程用的岩石试件,标准尺寸为:________________。

③路面工程用的岩石试件,标准尺寸为:________________。

试件尺寸对岩石强度将产生什么影响?

____

____

(3)试验步骤

① 用游标卡尺量取试件尺寸(精确至0.1 mm)。

> **提示:**
>
> 注意不同形状试件尺寸的量取方法。

②试件状态应符合《公路工程岩石试验规程》(JTG E41—2005)T 0205相关条款的规定。试件的含水状态根据需要可以选择:__________、__________、__________、__________。

③将试件置于压力机的承压板中央,对正上、下承压板,注意不得偏心。

④进行破坏试验,记录破坏荷载及加载过程中出现的现象。

加荷速率为__________。

> **提示:**
>
> 加压过程应尽量保持匀速。

加荷速度如何对试验结果产生影响?

____

____

(4)结果整理与分析

> **提示:**
>
> (1)计算结果精确至0.01MPa。
>
> (2)单轴抗压强度试验结果,应同时列出每个试件的试验值及同组岩石单轴抗压强度的平均值。

岩石的抗压强度和软化系数按下式计算：

$$R = \frac{P}{A}$$

式中：R——岩石的抗压强度，MPa；

P——试件破坏时的荷载，N；

A——试件的截面积，mm^2。

岩石抗压强度试验记录表，见表 1-7。

岩石抗压强度试验记录表 表 1-7

试样编号	试件处理情况	试件尺寸(mm)				试件截面面积(mm^2)	极限荷载 P (N)	抗压强度(MPa)	平均抗压强度(MPa)	备注
		长	宽	直径	高					
1										
2										
3										
4										
5										
6										
计算过程：										

试验者____________ 计算者____________ 校核者____________ 试验日期____________

任务二:细集料质量检测

根据设计资料,对砂的质量要求是:

(1)砂的质量标准应符合《建筑用砂》(GB/T 14684—2001)的规定,应采用质地坚硬、耐久、洁净的天然砂、机制砂或混合砂。砂的颗粒级配,应处于表1-8中的任何一个级配区以内,宜为中砂。

砂颗粒级配区　　表1-8

方孔筛(mm) \ 级配区	Ⅰ区	Ⅱ区	Ⅲ区
9.50	0	0	0
4.75	10~0	10~0	10~0
2.36	35~5	25~0	15~0
1.18	65~35	50~10	25~0
0.6	85~71	70~41	40~16
0.3	95~80	92~70	85~55
0.15	100~90	100~90	100~90

(2)砂的最大粒径:用于砌筑片石时的砂,最大粒径不宜超过5mm。

(3)砂的含泥量:因本工程砌筑砂浆强度等级为M10,因此砂的含泥量应不大于3%。

(4)砂的物理常数应符合:表观密度>2 500kg/m^3,堆积密度>1 350kg/m^3,空隙率<47%。

1.学习准备

引导问题1:砂浆的组成材料有________、________、________、________、________。

提示:

集料分为细集料和粗集料

(1)水泥混凝土中,粗、细集料的分界筛孔尺寸是____________;

(2)沥青混合料中,粗、细集料的分界筛孔尺寸是____________。

细集料包括____________和____________,工程中应用较多的细集料是____________。

引导问题2:根据设计要求,需要检测砂的哪些主要性质?

(1)结合前面所学知识,分析空隙和孔隙的区别是什么?

(2)细集料表观密度、堆积密度的测定:

①回忆前面所学内容,描述一下岩石表观密度和砂的表观密度的区别。

②细集料堆积密度根据堆积状态的不同(图 1-4),可分为________和________。

(3)细集料级配:

拓展知识:

表观相对密度即表观密度与同温度水的密度之比值。

细集料级配通过________试验来确定。

图 1-5 为一套水泥混凝土标准套筛。

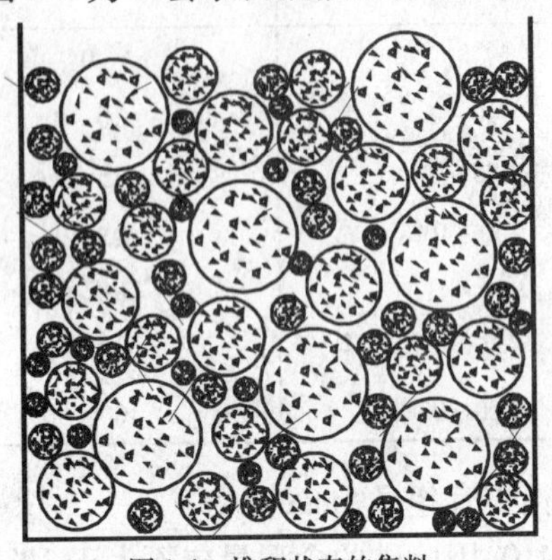

图 1-4 堆积状态的集料

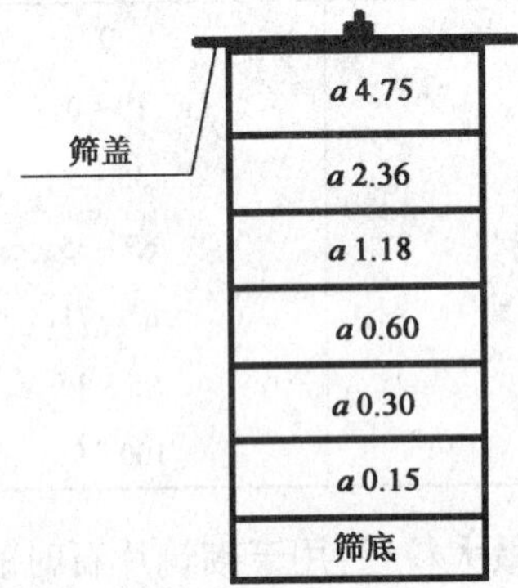

图 1-5 水泥混凝土用砂筛析的一套标准筛

提示:

(1)水泥混凝土用细集料可采用干筛法(如有需要,也可用水筛法);

(2)沥青混合料及基层用细集料必须用水洗法筛分。

(4)何谓细度模数?细度模数和级配的关系?

____

____

2. 计划与实施

1)试验方案选择

引导问题:根据《公路工程集料试验规程》(JTG E42—2005)选择合适的试验方法对细集料进行检测。

2)试验操作

引导问题 1:如何完成细集料的表观密度测定?

(1)试验准备

检查此次试验所需仪器设备是否齐全,见表 1-9。

表 1-9

仪器设备	任务完成则画"√"
容量瓶:500mL	□
天平:称量 1kg,感量不大于 1g	□
烘箱:能控温在 105℃ ±5℃	□
烧杯:500mL	□
烘箱:能使温度控制在 105~110℃	□
洁净水、干燥器、浅盘、铝制料勺、温度计等	□

（2）试验步骤

①将试样烘干至恒重，并在干燥器内冷却至室温，分成两份备用。

②称取烘干的试样约 300g（m_0），装入盛有半瓶洁净水的容量瓶中。取样方法是______________。

③摇转容量瓶，使试样在水中充分搅动以排除气泡，静置 24h 左右，然后用滴管添水，使凹液面底部与瓶颈刻度线平齐，擦干瓶外水分，称其总质量（m_1）。

排除气泡后静置 24h 的目的是______________________________。

提示：

使用滴管添水时，注意视线要与刻度线平行，不能仰视或俯视。

④倒出瓶中的水和试样，将瓶的内外表面洗净，再向瓶内注入与以上水温相差不超过 2℃ 的洁净水，使凹液面底部至瓶颈刻度线，擦干瓶外水分，称其总质量（m_2）。

（3）结果整理与分析

提示：

（1）计算结果精确至 0.001g/cm³。

（2）以两次平行试验结果的算术平均值作为测定值，如两次结果之差值大于 0.01g/cm³ 时，应重新取样进行试验。

（3）对于沥青路面的人工砂与石屑表观密度的测定，宜采用李氏比重瓶法试验。

（4）在砂的表观密度试验过程中，应测量并控制水的温度，试验期间的温差不得超过 1℃。

砂的表观相对密度 γ_a 及表观密度 ρ_a 按式（1-5）和式（1-6）计算至小数点后 3 位。

$$\gamma_a = \frac{m_0}{m_0 - m_1 + m_2} \tag{1-5}$$

$$\rho_a = \gamma_a \times \rho_T \text{ 或 } \rho_a = (\gamma_a - a_T) \times \rho_w \tag{1-6}$$

式中：γ_a——砂的表观相对密度，无量纲；

m_0——试样的烘干质量，g；

m_1——试样、水及容量瓶总质量，g；

m_2——水及容量瓶总质量，g。

ρ_a——砂的表观密度，g/cm³；

ρ_w——水在 4℃ 时的密度，1 000kg/m³；

a_T——试验时的水温对水密度影响的修正系数，按表 1-10 取用；

ρ_T——试验温度 T 时水的密度，按表 1-10 取用，g/cm³。

不同水温时水的密度 ρ_T 及水温修正系数 a_T　　表 1-10

水温（℃）	15	16	17	18	19	20
水的密度 ρ_T（g/cm³）	0.999 13	0.998 97	0.998 80	0.998 62	0.998 43	0.998 22
水温修正系数 a_T	0.002	0.003	0.003	0.004	0.004	0.005
水温（℃）	21	22	23	24	25	
水的密度 ρ_T（g/cm³）	0.998 02	0.997 79	0.997 56	0.997 33	0.997 02	
水温修正系数 a_T	0.005	0.006	0.006	0.007	0.007	

细集料的表观密度试验记录表，见表1-11。

细集料表观密度试验记录表 表1-11

试样编号				试样产地				
试样名称				用　　途				
试验次数	试样烘干质量 m_0（g）	试样＋水＋容量瓶质量 m_1（g）	水＋容量瓶质量 m_2（g）	水温（℃）	砂的表观相对密度 γ_a		砂的表观密度 ρ_a（g/cm^3）	
					单值	测定值	单值	测定值
1								
2								

计算过程：

试验者＿＿＿＿＿＿计算者＿＿＿＿＿＿校核者＿＿＿＿＿＿试验日期＿＿＿＿＿＿

引导问题 2：如何完成细集料的堆积密度测定？

(1)试验准备

检查此次试验所需仪器设备是否齐全，见表 1-12。

表 1-12

仪器设备	任务完成则画“√”
台秤：称量 5kg，感量 5g	□
容量筒：圆筒形，容积约为 1L	□
烘箱：能控温在 105℃ ±5℃	□
标准漏斗	□
其他：小勺、直尺、浅盘、玻璃片等	□

(2)试验步骤

①将试样烘干至恒重，并在干燥器内冷却至室温，分成两份备用。

②称取容量筒质量 m_0。

③容量筒容积的标定：

a. 称取容量筒 + 玻璃片的质量(m'_1)。

b. 用水装满容量筒，测量水温，擦干筒外壁的水分，称取容量筒 + 玻璃片 + 水的总质量(m_w)，并按水的密度对容量筒的容积作校正。

$$V = \frac{m_w - m'_1}{\rho_w} \tag{1-7}$$

式中：V——容量筒的容积，mL；

m'_1——容量筒 + 玻璃片的质量，g；

m_w——容量筒 + 玻璃片 + 水的总质量，g；

ρ_w——试验温度 T 时水的密度，按细集料表观密度试验表中选用，g/cm^3。

④将试样装入漏斗中，打开底部的活动门，将沙流入容量筒中，也可直接用小勺向容量筒中装试样，但漏斗出料口或料勺距容量筒筒口均应为 50mm 左右，试样装满并超出容量筒筒口后，用直尺将多余的试样沿筒口中心线向两个相反方向刮平，称取质量(m_1)。

提示：

(1)装砂时注意要一次性装到距离漏斗上缘大约 5cm 处；漏斗下缘距离容量筒口的距离大约为 5cm。

(2)在试验过程中，不能碰撞漏斗或容量筒，以免影响试验结果。

(3)试样装满容量筒后，小心移走漏斗，同时不能触碰容量筒。

(4)刮平时用直尺先从中间切下去，向左向右轻轻刮平，最后用刷子刷掉容量筒外多余的砂，称取试样质量。

(3)结果整理与分析

提示：

(1)堆积密度以两次试验结果的算术平均值作为测定值。

(2)制备烘干试样如有结块，应在试验前先予捏碎。

①堆积密度(包括自然堆积状态、振实状态、捣实状态下的堆积密度)按式(1-8)计算至小数点后2位。

$$\rho = \frac{m_2 - m_1}{V} \tag{1-8}$$

式中:ρ——堆积密度,kg/m^3;

m_1——容量筒的质量,kg;

m_2——容量筒与相应状态下试样的总质量,kg;

V——容量筒的容积,L。

②水泥混凝土用粗集料的空隙率按式(1-9)计算。

$$V_c = \left(1 - \frac{\rho}{\rho_a}\right) \times 100\% \tag{1-9}$$

式中:V_c——水泥混凝土用粗集料的空隙率,%;

ρ_a——粗集料的表观密度,kg/m^3;

ρ——粗集料的振实密度,kg/m^3。

容量筒容积标定记录表、堆积密度试验记录表、空隙率记录表分别见表1-13~表1-15。

容量筒容积标定记录表 表1-13

水温(℃)	水的密度ρ_w (g/cm^3)	容量筒+玻璃片质量m'_1 (g)	容量筒+玻璃片+水总质量m_w(g)	容量筒容积 (mL)

堆积密度试验记录表 表1-14

<table>
<tr><td>试样编号</td><td colspan="2"></td><td>试样产地</td><td colspan="2"></td></tr>
<tr><td>试样名称</td><td colspan="2"></td><td>用　　途</td><td colspan="2"></td></tr>
<tr><td>试验次数</td><td>容量筒容积
V(mL)</td><td colspan="2">容量筒质量
m_0(g)</td><td>容量筒和堆积砂
总质量m_1(g)</td><td>堆积密度
ρ(g/cm^3)</td></tr>
<tr><td>1</td><td></td><td colspan="2"></td><td></td><td></td></tr>
<tr><td>2</td><td></td><td colspan="2"></td><td></td><td></td></tr>
<tr><td colspan="5">平均值</td><td></td></tr>
</table>

空 隙 率 记 录 表 表1-15

<table>
<tr><td>表观密度(g/cm^3)</td><td>堆积密度(g/cm^3)</td><td>空隙率(%)</td></tr>
<tr><td></td><td></td><td></td></tr>
<tr><td colspan="3">计算过程:</td></tr>
</table>

试验者__________计算者__________校核者__________试验日期__________

引导问题3:如何完成细集料的级配分析?

(1)试验准备

检查此次试验所需仪器设备是否齐全,见表1-16。

表1-16

仪 器 设 备	任务完成则画"√"
根据需要选择合适筛孔尺寸	□
天平:称量1 000g,感量不大于0.5g	□
烘箱:能控温在105℃ ±5℃	□
摇筛机	□
浅盘和软毛刷等	□

(2)试验步骤

①将试样烘干至恒重,并在干燥器内冷却至室温,分成两份备用。

②准确称取烘干试样约500g(m),准确至0.5g。置于套筛的最上一只筛,即4.75mm筛上,将套筛装入摇筛机,摇筛约10min。然后取出套筛,再按筛孔大小顺序,从最大的筛号开始,在清洁的浅盘上逐个进行手筛,直到每分钟的筛出量不超过筛上剩余量的1%时为止,将筛出通过的颗粒并入下一号筛,和下一号筛中的试样一起过筛,这样顺序进行,直到各号筛全部筛完为止。

> **提示:**
>
> (1)手筛时应根据浅盘的大小调整手筛的幅度,幅度不能太大。
>
> (2)判断筛分是否完全的方法是:用刷子把筛下物扫到一边,露出白色的浅盘,继续筛分,如果还有筛下物往下掉,说明没筛干净,应继续进行筛分;如果白色浅盘上基本没有筛下物,则说明已筛完全,可以进行下一个步骤

③称量各筛筛余试样的质量(m_i),精确至0.5g。

> **提示:**
>
> (1)将筛上物倒出称量时,用软毛刷把卡在筛孔中的颗粒尽量扫出来,注意不能用指甲或其他硬物刮划筛子,以免损坏。
>
> (2)注意不要忘记称底盘上砂的质量。

(3)结果整理与分析

> **提示:**
>
> (1)计算结果保留一位小数。
>
> (2)所有各筛的分计筛余量和底盘中剩余量的总量与筛分前的试样总量相比,其相差不得超过1%。如不符合要求,应重新进行试验。
>
> (3)每次筛分应进行两次平行试验,以试验结果的算术平均值作为测定值。如两次试验所得的细度模数之差大于0.2,应重新试验。
>
> (4)此记录表与级配曲线图应根据水泥混凝土用砂填写各自的筛孔尺寸及采用的筛分参数,并计算细度模数。

①分计筛余百分率 a_i 的计算。各号筛的分计筛余百分率为各号筛上的筛余量(m_i)除以试样总量(m)的百分率,准确至0.1%。

②累计筛余百分率 A_i 的计算。各号筛的累计筛余百分率为该号筛及大于该号筛的各号筛的分计筛余百分率之和,准确至0.1%。

③质量通过百分率 P_i 的计算。各号筛的质量通过百分率 P_i 等于100减去该号筛的累计筛余百分率,准确至0.1%。

④细度模数 M_x 的计算。对水泥混凝土用砂,按式(1-10)计算细度模数,准确至0.01。

$$M_x = \frac{(A_{0.15} + A_{0.3} + A_{0.6} + A_{1.18} + A_{2.36}) - 5A_{4.75}}{100 - A_{4.75}} \tag{1-10}$$

式中: M_x——砂的细度模数;

$A_{0.15}$、$A_{0.3}$、…、$A_{4.75}$——分别为0.15mm、0.3mm、…、4.75mm各筛上的累计筛余百分率,%。

⑤记录表见表1-17,级配曲线图可画于图1-6中。

细集料筛分试验记录表 表1-17

试样编号					试样产地		
试样名称					用　途		
试样质量 (g)	筛孔尺寸 (mm)	各筛存留质量(g)			分计筛余 a_i (%)	累计筛余 A_i (%)	通过率 P_i (%)
		第一次	第二次	平均			
	底盘						
	合计						
	细度模数 M_x = ――――――― =						
计算过程:							

试验者＿＿＿＿＿＿计算者＿＿＿＿＿＿校核者＿＿＿＿＿＿试验日期＿＿＿＿＿＿

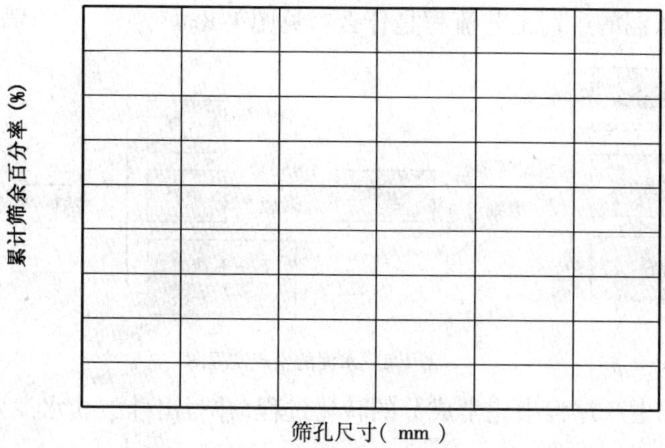

累计筛余百分率(%)
筛孔尺寸(mm)

图1-6　级配曲线

根据细度模数 M_x 确定该砂为__________砂。

(粗砂:$M_x=3.7\sim3.1$;中砂:$M_x=3.0\sim2.3$;细砂:$M_x=2.2\sim1.6$)

任务三:水泥质量检测

根据设计资料,对水泥质量的要求是:

(1)采用复合硅酸盐水泥,应选用初凝时间在3h以上和终凝时间较长(宜在6h以上)的水泥,水泥强度等级为P. C32.5。

(2)复合硅酸盐水泥强度应满足3d和28d的抗折强度分别为≥2.5MPa和≥5.5MPa,抗压强度分别为≥10.0MPa和≥32.5MPa。

(3)水泥化学成分、物理指标必须满足《道路硅酸盐水泥》(GB 13693—2005)的要求,如表1-18所示。

普通硅酸盐水泥性能表　　表1-18

水泥性能	技术要求	水泥性能	技术要求
烧失量	≤5%	安定性	沸煮法必须合格
比表面积	≥300m^2/kg	初凝时间	≥45min
细度(80μm)	筛余量≤10%	终凝时间	≤600min

1. 学习准备

引导问题1:根据设计要求,需要检测水泥的哪些性质?

____

____

____

引导问题2:根据胶凝材料的分类,填充图1-7的空白处。

胶凝材料
有机胶凝材料
气硬性胶凝材料

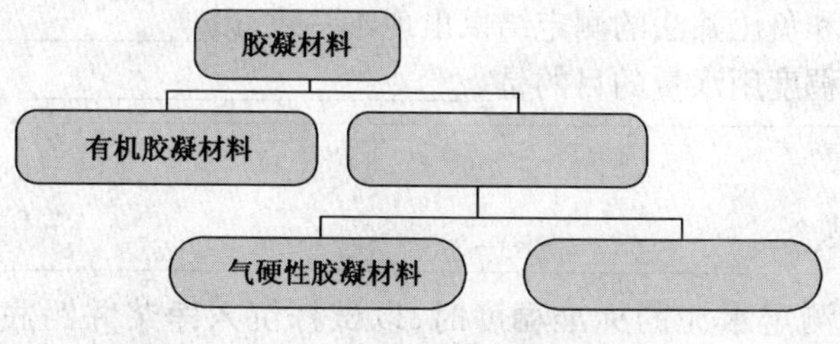

图1-7　胶凝材料的分类

引导问题3：水泥的生产工艺流程是什么？见图1-8。

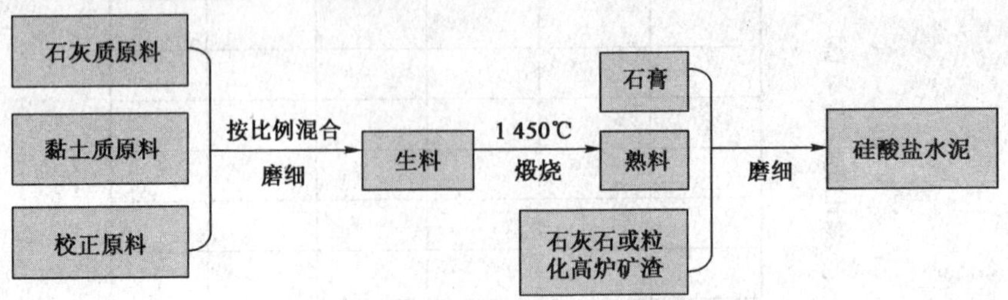

图1-8　水泥的生产流程图

①请描述水泥生产过程中化学成分的转化过程，并写出硅酸盐水泥熟料矿物的简写：

____

____

____

____

②根据所学知识，总结表1-19所列水泥熟料矿物主要决定水泥的哪些性能。

表1-19

水泥熟料矿物简写	主要影响水泥的性能

③简述硅酸盐水泥的凝结硬化原理。

____

____

____

____

④水泥的化学性质有哪些？

____

____

____

____

⑤水泥的细度的测定方法有__________或__________。

如果采用水筛法和负压筛法的测定结果出现不一致，以__________为准。

⑥测定水泥标准稠度用水量的目的是__________。

思考：

什么是水泥净浆？

使用标准维卡仪测定水泥的标准稠度时，以试杆沉入净浆并距底板__________mm的水泥净浆为标准稠度净浆，刻度盘读数应该在__________mm之间，见图1-9。

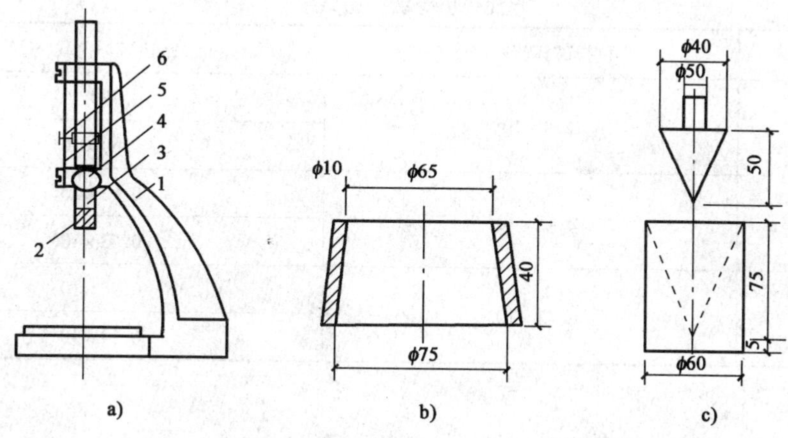

图 1-9　使用标准维卡仪测定水泥的标准稠度(尺寸单位:mm)

a)标准维卡仪;b)金属试模;c)试锥、锥模

1-铁座;2-试杆;3-金属圆棒;4-松紧螺栓;5-刻度盘;6-指针

⑦凝结时间的测定:

如何确定水泥的初凝状态、终凝状态?

____

____

初凝状态和初凝时间的区别是什么?终凝状态和终凝时间的区别是什么?

____

____

____

凝结时间的工程意义是什么?

____

____

⑧水泥体积安定性的测定:

测定方法有________________和________________,如果两种方法试验结果出现不一致的情况,以________________法为准。

安定性的工程意义是什么?

____

分析影响体积安定性的原因:________________________

____

____

引导问题 4:如何确定水泥强度等级?

____

____

____

完成下列练习题:

某单位购买一批 42.5 级普通硅酸盐水泥,因存放期超过 3 个月,需在实验室重新检验其强度等级。已测得数据如表 1-20 所示。

水泥强度等级检验结果 表1-20

编 号	抗折破坏荷载(N)	抗压破坏荷载(N)
I	2.5×10^3	0.55×10^5
		0.60×10^5
II	2.45×10^3	0.62×10^5
		0.63×10^5
III	2.43×10^3	0.56×10^5
		0.54×10^5

回忆前面所学知识,分析水泥中主要是哪些成分引起水泥腐蚀?

思考:

根据不同的工程环境,分析五大品种水泥的适用范围?

2. 计划与实施

1)试验方案选择

引导问题:根据《公路工程水泥及水泥混凝土试验规程》(JTG E30—2005)选择合适的试验方法对水泥进行检测。

2)试验操作

引导问题1:如何完成水泥细度的测定?(以负压筛为例,其他试验方法请参考相关试验规程)

(1)试验准备

检查此次试验所需仪器设备是否齐全,见表1-21。

表1-21

仪 器 设 备	任务完成则画"√"
0.08mm的方筛孔	□
天平(最大称量100g),感量不大于0.05g	□
负压筛析仪	□
浅盘和软毛刷等	□

(2)试验步骤

①将负压筛放在筛座上,盖上筛盖,接通电源,调节负压至4 000~6 000Pa范围内。

②称取试样25g(m),置于洁净的负压筛中,盖上筛盖,放在筛座上,开动筛析仪连续筛析2min。

提示:

筛分过程中,会有少许水泥粉末粘到筛盖上,可以用刷子轻轻敲击筛盖。

③称量筛余物m_0。

(3)结果整理与分析

提示：

(1)计算结果保留一位小数。

(2)取两次试验结果的平均值作为筛析结果。若两次试验结果绝对误差大于0.5%(筛余值大于5.0%时,可放宽至1.0%),应再做一次试验,取两次相近结果的算术平均值作为最终结果。

(3)国家标准规定:硅酸盐水泥和普硅水泥通过0.08mm方孔筛余量不应超过10%。

①计算水泥试样筛余百分率A,精确至0.1%。

$$A = \frac{m_0}{m} \times 100\% \tag{1-11}$$

式中:m_0——水泥筛余物的质量,g;

m——水泥试样的质量,g。

②记录表见表1-22。

水泥细度试验记录表 表1-22

试样编号			生产厂家	
品种及等级			用途	
负压筛法	试验次数	试样质量m(g)	筛余质量m_0(g)	筛余百分率(%) $A=\frac{m_0}{m}\times 100\%$
	1			
	2			
计算过程:				

试验者________ 计算者________ 校核者________ 试验日期________

引导问题2:如何完成水泥标准稠度用水量的测定?(标准法)

(1)试验准备

检查此次试验所需仪器设备是否齐全,见表1-23。

表1-23

仪器设备	任务完成则画"√"
水泥净浆搅拌机:符合《水泥净浆搅拌机》(JC/T 729—2005)的要求	□
标准法维卡仪	□
量筒:最小刻度为0.1mL,精度为1%	□
天平:最大称量不小于1kg,分度值不大于1g	□

(2)试验步骤

①拌制水泥净浆。称取500g水泥加入水中,防止水和水泥溅出;拌和时,先将锅放在搅拌机的锅座上,升至搅拌位置,启动搅拌机,低速搅拌120s,暂停15s,同时将叶片和锅壁上的水泥浆刮入锅中间,接着再高速搅拌120s后停机。

提示:

(1)试验前,先进行水泥净浆搅拌机、标准法维卡仪的检查。

(2)拌制之前,先用湿布擦搅拌锅和搅拌叶片,以保持湿润状态。

(3)拌和时,先加水,再加水泥。

②拌和结束后,立即将拌制好的水泥净浆装入已置于玻璃底板上的试模中,用小刀插捣,轻轻振动数次,刮去多余的净浆,抹平。

提示:

试模和玻璃板上应涂一层机油,以便于脱模。

③将试模和底板移到维卡仪上,并将其中心定在试杆下,降低试杆直至与水泥净浆表面接触,拧紧螺栓1~2s后,突然放松,使试杆垂直自由地沉入水泥净浆中。在试杆停止沉入或释放试杆30s时,记录试杆距底板之间的距离,即为水泥浆稠度。升起试杆后,立即将其擦净。

提示:

(1)整个操作过程应在搅拌后1.5min内完成。

(2)以试杆沉入净浆并距底板6mm±1mm的水泥净浆为标准稠度净浆。

(3)当试杆距玻璃板小于5mm时,应适当减水;若试杆距玻璃板大于7 mm时,应适当加水,并重复水泥浆的拌制和测定过程。

(3)结果整理与分析

提示:

(1)计算结果保留整数。

(2)达到标准稠度的水泥净浆拌和水量为该水泥的标准稠度用水量(P),按水泥质量的百分比计。

标准稠度用水量试验记录表见表1-24。

标准稠度用水量试验记录表 表1-24

试样编号			生产厂家	
品种及等级			用途	
试验次数	水泥用量（g）	用水量 W（mL）	距底板距离 S（mm）	标准稠度用水量（%）$P=\frac{W}{500}\times100\%$
1	500			
2	500			

计算过程：

试验者________计算者________校核者________试验日期________

引导问题3:如何完成水泥凝结时间的测定?

(1)试验准备

检查此次试验所需仪器设备是否齐全,见表1-25。

表1-25

仪 器 设 备	任务完成则画"√"
水泥净浆搅拌机:符合《水泥净浆搅拌机》(JC/T 729—2005)的要求	□
标准法维卡仪	□
量筒:最小刻度为0.1mL,精度为1%	□
天平:最大称量不小于1kg,分度值不大于1g	□
湿气养护箱:应能使温度控制在20℃ ±1℃,相对湿度大于90%	□

(2)试验步骤

①调整凝结时间测定仪的试针接触玻璃板时,指针对准零点。

②以标准稠度净浆一次装满试模,振动数次刮平,立即放入湿气养护箱中。

提示:

记录水泥全部加入水中的时间,以此作为凝结时间的起始时间,用"min"表示。

③初凝时间测定:试件在湿气养护箱中养护至加水后30min时进行第一次测定。测定时,从湿气养护箱中取出试模放在试针下,降低试针与水泥净浆表面的接触。拧紧螺栓1~2s后,突然放松,试针垂直自由地沉入水泥净浆中。观察试针停止下沉或释放试针30s时指针的读数。

提示:

(1)临近初凝时,每隔5min测定一次。

(2)测定时应注意,在最初测定的操作中应轻轻扶持金属柱,使其徐徐下降,以防试针撞弯,但结果以自由下落为准。

(3)在整个测试过程中,试针沉入的位置至少要距试模内壁10mm。

(4)每次测定不能让试针落入原针孔,每次测试完毕后需将试针擦净,并将试模放回湿气养护箱内,整个测试过程要防止试模受振。

(5)当试针沉至距底板4mm±1mm时,为水泥达到初凝状态。

(6)达到初凝时,应立即重复测一次,当两次结论相同时,才能定为达到初凝状态。

(7)记录水泥全部加入水中至初凝状态的时间为水泥的初凝时间,用"min"表示。

④终凝时间测定:在完成初凝时间测定后,将初凝试针换成终凝试针,同时立即将试模连同浆体以平移的方式从玻璃板取下,翻转180°,直径大端向上、小端向下放在玻璃板上,再放入湿气养护箱中继续养护。临近终凝时间时,每隔15min测定一次,当试针沉入试体0.5mm时,即环形附件开始不能在试体上留下痕迹时,为水泥达到终凝状态。

提示:

(1)操作注意事项同初凝时间测定。

(2)达到终凝时,应立即重复测一次,当两次结论相同时,才能定为达到终凝状态。

(3)记录水泥全部加入水中至终凝状态的时间为水泥的终凝时间,用"min"表示。

(3)结果整理与分析

水泥凝结时间试验记录表见表1-26。

水泥凝结时间试验记录表　　表1-26

<table>
<tr><td colspan="2">试样编号</td><td colspan="3"></td><td colspan="2">生产厂家</td><td></td></tr>
<tr><td colspan="2">品种及等级</td><td colspan="3"></td><td colspan="2">用　途</td><td></td></tr>
<tr><td rowspan="2">试验次数</td><td rowspan="2">开始加水拌和时刻（h,m）</td><td colspan="3">初　凝</td><td colspan="3">终　凝</td></tr>
<tr><td>试针沉入距底板的高度（mm）</td><td>出现初凝现象的时刻（h,m）</td><td>初凝时间（min）</td><td>试针沉入深度（mm）</td><td>出现终凝现象的时刻（h,m）</td><td>终凝时间（min）</td></tr>
<tr><td>1</td><td></td><td></td><td></td><td></td><td></td><td></td><td></td></tr>
<tr><td>2</td><td></td><td></td><td></td><td></td><td></td><td></td><td></td></tr>
<tr><td colspan="2">结论</td><td colspan="6"></td></tr>
<tr><td colspan="8">计算过程：</td></tr>
</table>

试验者＿＿＿＿＿计算者＿＿＿＿＿校核者＿＿＿＿＿试验日期＿＿＿＿＿

引导问题4：如何完成水泥体积安定性的测定？（以雷氏夹法为例）

(1)试验准备

检查此次试验所需仪器设备是否齐全，见表1-27。

表1-27

仪器设备	任务完成则画"√"
水泥净浆搅拌机：符合《水泥净浆搅拌机》(JC/T 729—2005)的要求	□
量筒：最小刻度为0.1mL，精度为1%	□
天平：最大称量不小于1kg，分度值不大于1g	□
雷氏夹	□
雷氏夹膨胀测定仪：标尺最小刻度为0.5mm	□
沸煮箱：有效容积约为410mm×240mm×310mm	□
湿气养护箱：应能使温度控制在20℃±1℃，相对湿度大于90%	□

(2)试验步骤

①每个试样需成型两个试件，每个雷氏夹需配备质量约75~85g的玻璃板两块。

提示：

(1)雷氏夹使用前，需用雷氏夹膨胀测定仪标定合格后方可使用。

(2)凡与水泥净浆接触的玻璃板和雷氏夹内表面都要稍稍涂上一层油。

②将雷氏夹放在已稍擦油的玻璃板上，并立即将已制好的标准稠度净浆一次装满雷氏夹，插捣数次，然后抹平，盖上玻璃板，接着立即将试件移至湿气养护箱内养护24h±2h。

提示：

装浆时，一只手扶持雷氏夹，另一只手用宽约10mm的小刀插捣数次，然后抹平。

③调整好沸煮箱内的水位。

提示：

使水位能保证在整个沸煮过程中都超过试件，无需中途添补试验用水，同时又能保证在30min±5min内升至沸腾。

④脱去玻璃板取下试件，先测量雷氏夹指针尖端间的距离(A)，精确到0.5mm。

⑤接着将试件放入沸煮箱水中的试件架上，指针朝上，然后在30min±5min内加热至沸腾，并恒沸180min±5min。

(3)结果整理与分析

沸煮结束后，立即放掉沸煮箱中的热水，打开箱盖，待箱体冷却至室温时，取出试件进行判别。

提示：

(1)测量雷氏夹指针尖端的距离(C)，准确至0.5mm。

(2)当两试件煮后增加距离($C-A$)的平均值不大于5.0mm时，即认为该水泥安定性合格。

(3)当两个试件的煮后增加距离($C-A$)值相差超过4.0mm时，应用同一样品立即重做一次试验。再如此，则认为该水泥为安定性不合格。

水泥安定性试验记录表见表1-28。

水泥安定性试验记录表 表1-28

<table>
<tr><td>试样编号</td><td></td><td>生产厂家</td><td colspan="2"></td></tr>
<tr><td>品种及等级</td><td></td><td>用途</td><td colspan="2"></td></tr>
<tr><td rowspan="2">试验次数</td><td rowspan="2">试验前雷氏夹针尖间距
A(mm)</td><td rowspan="2">试验后雷氏夹针尖间距
C(mm)</td><td colspan="2">增加距离
$C-A$(mm)</td></tr>
<tr><td>单值</td><td>测定值</td></tr>
<tr><td>1</td><td></td><td></td><td></td><td rowspan="2"></td></tr>
<tr><td>2</td><td></td><td></td><td></td></tr>
<tr><td>结论</td><td colspan="4"></td></tr>
<tr><td colspan="5">计算过程：</td></tr>
</table>

试验者__________计算者__________校核者__________试验日期__________

引导问题 5:如何完成水泥胶砂强度的测定?(ISO 法)

(1)试验准备

检查此次试验所需仪器设备是否齐全,见表 1-29。

表 1-29

仪 器 设 备	任务完成则画"√"
水泥胶砂搅拌机:应符合《水泥净浆搅拌机》(JC/T 681—2005)的要求	□
抗折试模:3 个 40mm × 40mm × 160mm	□
振实台	□
抗折强度试验机	□
抗压强度试验机:200 ~ 300kN 为宜	□
抗压夹具:面积为 40mm × 40mm	□

(2)试验步骤

①每锅材料数量,见表 1-30。

每锅胶砂的材料数量 表 1-30

材料数量 / 水泥品种	水泥 (g)	标准砂 (g)	水 (mL)
硅酸盐水泥	450 ± 2	1 350 ± 5	225 ± 1
普通硅酸盐水泥			
矿渣硅酸盐水泥			
粉煤灰硅酸盐水泥			
复合硅酸盐水泥			
石灰石硅酸盐水泥			

拓展知识:

ISO 标准砂:此砂粒径为 0.08 ~ 2.0mm,分粗、中、细三级,各占 1/3,其中粗砂粒径为 1.0 ~ 2.0mm;中砂粒径为 0.5 ~ 1.0mm;细砂粒径为 0.08 ~ 0.5mm。

②搅拌:每锅胶砂用搅拌机进行机械搅拌。

提示:

(1)把水加入锅里,再加入水泥,把锅放在固定架上,上升至固定位置。

(2)然后立即开动机器,低速搅拌 30s 后,在第二个 30s 开始的同时,均匀地将砂子加入,把机器转至高速再搅拌 30s。

(3)停拌 90s,在第一个 15s 内用胶皮刮具将叶片和锅壁上的胶砂刮入锅中间;再在高速下继续搅拌 60s。各个搅拌阶段时间误差应控制在 ±1s 以内。

③用振实台成型。

提示:

(1)胶砂制备后立即进行成型,将空试模和模套固定在振实台上,用一个适当的勺子直接从搅拌锅里将胶砂分两层装入试模,装第一层时,每个槽里约放300g胶砂,用大播料器垂直架从模套顶部,沿每个模槽来回一次将料层播平,接着振实60次。再装入第二层胶砂,用小播料器播平,再振实60次,移走模套,从振实台上取下试模,用一金属直尺以近似90°的角度架在试模顶的一端,然后沿试模长度方向以横向锯割动作慢慢向另一端移动,一次将超过试模部分的胶砂刮去,并用同一直尺以近乎水平的状态将试体表面抹平。

(2)在试模上作标记或加字条标明试件编号和试件相对于振实台的位置。

④脱模:一般在成型后20~24h之间脱模。

⑤养护。

提示:

(1)将做好标记的试件立即水平或竖直放在(20±1)℃的水中养护,水平放置时刮平面应朝上。

(2)试件应放在不易腐烂的篦子上,并彼此间保持一定距离,以让水与试件的6个面接触。

(3)养护期间试件之间的间隔或试体上表面的水深不得小于5mm。

(4)每个养护池只可养护同类型的水泥试件。

(5)最初用自来水装满养护池,随后随时加水,保持适当的恒定水位,不允许在养护期间全部换水。

⑥强度试验。

提示:

抗折强度试验提示:

(1)试件从水中取出后,在强度试验前应用湿布覆盖。

(2)进行抗折强度试验时,将试件一个侧面放在试验机支撑圆柱上,以50N/s±10N/s的速度均匀地将荷载垂直地加在棱柱体相对侧面上,直至折断。

(3)保持两个半截棱柱体处于潮湿状态直至抗压试验。

提示:

抗压强度试验提示:

(1)抗折试验后的两个断块应立即进行抗压试验,抗压试验必须用抗压夹具进行,试验体受压面为40mm×40mm。

(2)试验时,以半截棱柱体的侧面作为受压面,试体的底面靠近夹具定位销,并使夹具对准压力机压板中心。

(3)压力机加荷速度应控制在2 400N/s±200N/s,均匀地加荷直至破坏。

(3)结果整理与分析

提示：

(1)试件龄期是从水泥加水搅拌开始算起，一般只检测3d与28d的强度。

(2)抗折强度的评定：以一组3个棱柱体抗折强度结果的平均值作为试验结果。当3个强度值中有超出平均值±10%时，应剔除后再取平均值作为抗折强度试验结果。

(3)抗压强度的评定：以一组3个棱柱体上得到的6个抗压强度测定值的算术平均值作为试验结果。如6个测定值中有一个超出6个平均值的±10%，就应剔除这个结果，以剩下5个的平均值为结果，如果这5个测定值中再有超过它们平均数±10%的，则此组结果作废。

水泥胶砂强度试验记录表见表1-31。

水泥胶砂强度试验记录表 表1-31

试样编号							生产厂家			
品种及等级							用途			
试件编号	龄期(d)	抗折强度					抗压强度			水泥强度等级
		破坏荷载(N)	支点间距(mm)	试体尺寸 宽度(mm)	试体尺寸 高度(mm)	抗折强度 R_f(MPa)	破坏荷载 F_c(N)	受压面积 A(mm^2)	抗压强度 R_c(MPa)	
①	3									
②										
③										
④	28									
⑤										
⑥										
结论										

计算过程：

试验者__________计算者__________校核者__________试验日期__________

任务四:砂浆配合比设计及性能检测

根据设计资料,片石挡土墙砌筑采用强度等级为 M7.5 的水泥砂浆砌筑、勾缝、抹面。

(1)砌筑砂浆的强度等级宜采用 M7.5 水泥砂浆。

(2)水泥砂浆拌和物的密度不宜小于 1 900kg/m³。

(3)砌筑砂浆稠度、分层度、试配抗压强度必须同时符合要求。砂浆的配合比应通过试验确定,砂浆应有良好的和易性,圆锥体沉入度为 50 ~ 70mm,气温较高时,可适当增大。砌筑砂浆的分层度不得大于 30 mm。

(4)水泥砂浆中水泥用量不应小于 200kg/m³。

1. 学习准备

引导问题 1:根据设计要求,需要检测砂浆的哪些性质?

____

____

____

____

____

____

____

____

____

____

引导问题 2:砂浆的主要技术性质有哪些?

砂浆在硬化前应具有良好的和易性,包括________和________两方面。

砂浆稠度又称为________,稠度值越大,砂浆的流动性越________。

砂浆的保水性采用分层度表示。分层度大,表明________________。

砂浆分层度对砂浆的性能可产生什么影响?

____

____

____

____

____

______________________________。

砂浆硬化后的性质,以________作为砂浆的主要技术指标。

引导问题 3:如何配制出符合设计要求的砂浆?

砌筑砂浆的配合比设计方法与步骤:

(1)根据设计强度,进行初步配合比设计,计算各材料用量。

提示:

(1)水泥用量及砂用量应根据经验公式计算得出。

(2)水的用量应按规范所给出的范围,根据经验选用。

(2)根据初步配合比计算结果进行试拌,测定砂浆稠度及分层度,若不满足要求,则调整用水量或掺和料,直到符合要求为止,由此得到基准配合比。

(3)砂浆强度调整与确定。

提示：

(1)检验强度时采用3组配合比。

(2)以其中一个为基准配合比,另外两个配合比的水泥用量在基准配合比的基础上分别增加10%和减少10%。

(3)三组配合比分别成型、养护、测定28d强度。

(4)根据强度试验结果,选用符合强度要求且水泥用量最低的配合比作为砂浆配合比。

2. 计划与实施

1)试验方案选择

引导问题:根据《建筑砂浆基本性能试验方法标准》(JGJ/T 70—2009)及《公路工程水泥及水泥混凝土试验规程》(JTG E30—2005)选择合适的试验方法对砂浆进行检测。

2)试验操作

引导问题1:如何完成砂浆稠度的测定?

(1)试验准备

检查此次试验所需仪器设备是否齐全,见表1-32。

表1-32

仪器设备	任务完成则画"√"
砂浆稠度仪	□
钢制捣棒	□
秒表	□

(2)试验步骤

①用湿布将锥形容器内壁和试锥表面擦干净,并用少量润滑油轻擦滑杆,将滑杆上多余的油用吸油纸擦净,使滑杆能自由滑动。

②将拌好的砂浆一次装入容器,使砂浆表面低于锥形容器口约10mm,用捣棒自容器中心向边缘插捣25次,然后轻轻地将容器摇动或敲击5~6下,使砂浆表面平整,随后将容器置于砂浆稠度测定仪的底座上。

③拧开试锥滑动杆的制动螺栓,向下移动滑杆,当试锥尖端与砂浆表面刚接触时,拧紧制动螺栓,使齿条测杆下端与滑杆的上端接触,并将指针调至刻度盘零点。

④放松制动螺栓(同时记录时间),使试锥自由沉入砂浆中,待10s时立即固定螺栓,将齿条测杆下端接触滑杆上端,从刻度盘上读出试锥下沉的深度,即为砂浆的稠度值(精确至1mm)。

⑤锥形容器内的砂浆,只允许测定一次稠度,重复测定时应重新取样。

(3)结果整理与分析

提示：

(1)取两次试验结果的算术平均值作为砂浆的稠度值,精确至1mm。

(2)如两次试验结果之差大于20mm,则应另取砂浆拌和后重新测定。

砂浆稠度的试验记录表见表1-33。

砂浆稠度试验记录表 表1-33

试 样 编 号		生 产 厂 家	
品种及等级		用途	
试验次数	试锥下沉深度(mm)	稠度(mm)	备注
1			
2			

计算过程：

试验者________计算者________校核者________试验日期________

引导问题 2：如何完成砂浆分层度的测定？

(1)试验准备

检查此次试验所需仪器设备是否齐全，见表 1-34。

表 1-34

仪 器 设 备	任务完成则画“√”
砂浆分层度仪	□
水泥胶砂振动台	□
砂浆稠度仪	□
搅拌锅、木锤、抹刀等	□

(2)试验步骤

①按砂浆稠度试验方法测定砂浆的稠度值 K_1。

②将砂浆拌和物一次装入分层度仪内，待装满后用木锤在容器周围距离大致相等的 4 个不同地方轻轻敲击 1 ~2 下，若砂浆沉落到低于筒口的位置，则应随时添加，然后刮去多余的砂浆，并用抹刀抹平。

③静置 30min 后，去掉上部 200mm 厚的砂浆，将剩余的砂浆倒出，放在拌和锅中拌 2min，然后，再测其稠度值 K_2。

④计算两次测定的稠度值之差($K_1 - K_2$)，即为砂浆的分层度值(精确至 1mm)。

(3)结果整理与分析

提示：

(1)取两次试验结果的算术平均值作为砂浆的分层度值，精确至 1mm。

(2)如两次试验结果之差大于 20mm，应重新做试验。

砂浆的分层度记录表见表 1-35。

砂浆的分层度记录表

表 1-35

试 样 编 号		生 产 厂 家	
品种及等级		用途	
试验次数	稠度 K_1(mm)	稠度 K_2(mm)	分层度 $K_1 - K_2$(mm)
1			
2			
3			
计算过程：			

试验者________计算者________校核者________试验日期________

引导问题3：如何完成砂浆抗压强度的测定？

(1)试验准备

检查此次试验所需仪器设备是否齐全，见表1-36。

表1-36

仪器设备	任务完成则画"√"
压力试验机：符合JG/T 3020中压力机的要求	□
试模：70.7mm×70.7mm×70.7mm	□
捣棒：直径10mm、长250mm的钢棒，端部应磨圆	□
垫板	□

(2)试验步骤

①试件制作准备。

准备材料包括：

(1)用于多空基底的砂浆，应采用无底试模制作试件，并将试模内壁涂刷薄层机油或脱模剂。

(2)黏土砖，要求平整，4个垂直面无其他胶凝材料。

(3)湿的报纸，大小以能覆盖过砖的四边为准。

②试件成型。

提示：

(1)将砂浆一次装入无底试模。

(2)用捣棒由外向里沿螺旋线方向均匀插捣数次，为防止砂浆插捣后可能留下孔洞，可用油灰刀沿模壁插捣数次，使砂浆高出试模顶面6~8mm。

(3)当砂浆表面开始出现麻斑状态时(约15~30min)，将高出部分的砂浆沿试模顶面削去抹平。

(4)若使用有底试模则应将砂浆分两层装入，每层插捣12次，并用油灰刀沿试模壁插捣数次，然后抹平。

③试件养护。

提示：

(1)将试件放在25℃±5℃温度条件下养护24h±2h，然后对试件进行编号并拆模。

(2)拆模后的试件在标准养护条件下继续养护至28d，然后进行试压。

④试件抗压强度试验。

提示：

(1)试验前，将试件表面擦拭干净，检查其外观并测量其尺寸(精确至1mm)，以此计算试件的承压面积。

(2)将试件安放在试验机压板的正中，使试件中心与试验机的压板中心对准，开动试验机。

(3)以0.5~1.5kN/s的加荷速度连续均匀地加荷。

(4)当试件接近破坏而开始迅速变形时，停止调整试验机油门，直至试件破坏，记录破坏荷载。

(3)结果整理与分析

提示：

(1)以6个试件测值的算术平均值作为该组试件的抗压强度值(精确至0.1MPa)。

(2)当6个试件的最大值或最小值与平均值的差超过20%时，以中间4个试件的算术平均值作为该组试件的抗压强度值。

砂浆抗压强度试验记录表见表1-37。

砂浆抗压强度试验记录表 表1-37

试样编号				生产厂家				
品种及等级				用途				
试验编号	拌制日期	试验日期	龄期(d)	最大荷载(kN)	试件尺寸(mm)	受压面积(mm^2)	抗压强度(MPa)	
							单值	平均值
①	②	③	④	⑤	⑥	⑦	⑧	⑨
1								
2								
3								
4								
5								
6								
计算过程：								

试验者________计算者________校核者________试验日期________

(三)评价与反馈

(1)结果分析及学习评价

岩石的强度是________，是否符合设计要求？________

根据设计强度要求，最终选用的砂浆的配合比是____________。

若有不满足要求的原材料，指出该材料哪项指标不符合要求。

请提出相应的解决方法：

在完成任务的过程当中，最大的困难是什么？

你认为还需加强哪方面的指导（试验操作及理论知识）？

(2)学习工作过程评价表(表1-38)

任务评分表

表1-38

考核项目	分数			学生自评	小组互评	教师评价	小计
	差	中	好				
团队合作精神	1	3	5				
活动参与是否积极	1	3	5				
操作过程是否正确规范	5	15	25				
工具、设备使用是否规范	1	3	5				
试验结果计算是否正确	2	6	10				
劳动纪律	1	3	5				
试验记录表填写是否完整、清晰	1	3	5				
总分	60						
教师签字：				年　月　日		得分	

学习任务二　无机结合料稳定材料性能检测

一、任 务 描 述

无机结合料稳定材料广泛应用于道路路面基层及底基层。它是公路工程中常用的混合料之一，它的组成材料有石灰、水泥、粉煤灰、土、碎石等。本次的学习任务是针对具体的工程设计资料，完成相关的原材料的试验检测、无机结合料的配合比设计及根据设计结果配制混合料，并对其进行性能检测等。

二、学 习 目 标

(1)描述无机结合料稳定材料的定义及其类型；

(2)分析石灰的消化及硬化原理；

(3)描述石灰的类别；

(4)根据石灰类别选择正确的技术指标并描述各指标的含义及测定意义；

(5)描述粉煤灰各技术指标的含义；

(6)分析无机结合料稳定材料中土应该满足的要求；

(7)以石灰稳定土为例完成无机结合料稳定材料的组成设计；

(8)按照试验规程，正确使用仪器、设备等进行石灰、粉煤灰、无机结合料稳定材料各项技术指标的测定；

(9)根据试验数据，分析判断原材料性能是否满足工程要求，如不满足要求，可根据设计要求选择合格的材料；

(10)正确填写试验报告。

三、内容结构(图 2-1)

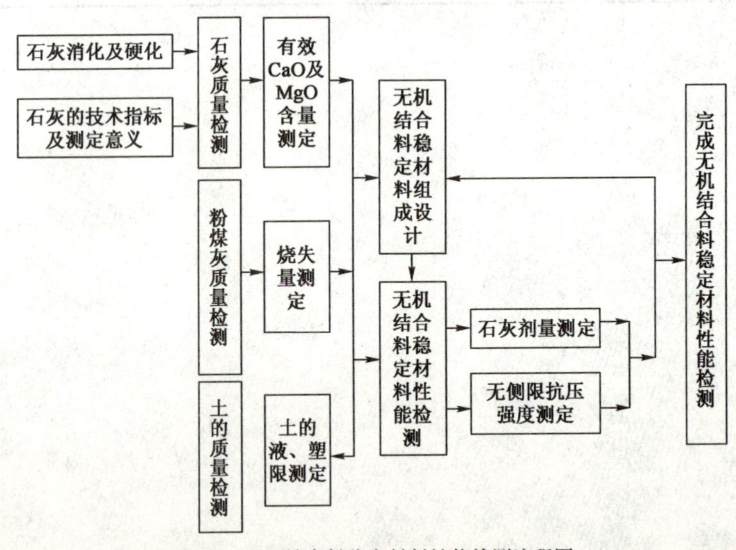

图 2-1　无机结合料稳定材料性能检测流程图

四、任 务 实 施

（一）项目引入

某高速公路设计采用二灰稳定土底基层，原材料技术要求如下：

(1)石灰。要符合Ⅲ级以上石灰各项技术指标的要求，采用消解后的石灰，石灰要分批进料，做到既不影响施工进度，又不过多存放；尽量缩短堆放时间，如存放时间稍长应予覆盖，并采取封存措施，妥善保管。

(2)粉煤灰。SiO_2、Al_2O_3、Fe_2O_3的总含量大于70%，烧失量不大于20%，比表面积大于2 500cm^2/g。

(3)土。宜采用塑性指数12～20的黏性土(亚黏土)，其中大于15mm的土块不宜超过5%，有机质含量不宜大于10%，硫酸盐含量不宜大于0.8%。

(4)水。不应用含有机杂质的水，凡人畜饮用水及其他清洁无化学物质、无污染的水均可使用。遇有可疑水源时，应进行化验鉴定，经监理工程师同意后才能使用。

（二）任务分解

任务一：石灰质量检测

根据《公路路面基层施工技术规范》(JTJ 034—2000)，用于基层、底基层的石灰质量要满足表2-1的要求。

石灰的技术指标 表2-1

项目 \ 指标 \ 类别	钙质生石灰			镁质生石灰			钙质消石灰			镁质消石灰		
	等级											
	Ⅰ	Ⅱ	Ⅲ	Ⅰ	Ⅱ	Ⅲ	Ⅰ	Ⅱ	Ⅲ	Ⅰ	Ⅱ	Ⅲ
有效钙加氧化镁含量(%)	≥85	≥80	≥70	≥80	≥75	≥65	≥65	≥60	≥55	≥60	≥55	≥50
未消化残渣含量(5mm圆孔筛的筛余,%)	≤7	≤11	≤17	≤10	≤14	≤20						
含水率(%)							≤4	≤4	≤4	≤4	≤4	≤4
细度 0.71mm方孔筛的筛余(%)							0	≤1	≤1	0	≤1	≤1
细度 0.125mm方孔筛的筛余(%)							≤13	≤20	—	≤13	≤20	—
钙镁石灰的分类界限，氧化镁含量(%)	≤5			>5			≤4			>4		

注：硅、铝、镁氧化物含量之和大于5%的生石灰，有效钙加氧化镁含量指标，Ⅰ等≥75%，Ⅱ等≥70%，Ⅲ等≥60%；未消化残渣含量指标与镁质生石灰指标相同。

1. 学习准备

根据所给设计资料，要完成任务需要哪些方面的知识？

(1)什么是无机结合料稳定材料？在道路工程中，常用无机结合料稳定材料有哪些类型？

(2)各种无机结合料稳定材料的组成材料有哪些?

(3)根据设计资料,需要检测原材料的哪些性能?

查阅资料,回答下列问题:

(1)生产石灰的原材料有哪些?主要生产工艺是什么?

若生产过程控制不好,容易生成________石灰或________石灰。它们对石灰的危害有:________

思考:

优质石灰与劣质石灰如何辨别?

(2)什么是消化?生石灰可采用哪些方法消化?

思考:

什么是“陈伏”?消化后的石灰浆为什么必须“陈伏”?

(3)石灰浆是怎样硬化的?

______

______

______

拓展知识:

为什么说石灰是气硬性胶凝材料?

______

______

______

2.计划与实施

1)试验方案选择

根据《公路工程无机结合料稳定材料试验规程》(JTG E51—2009)选择合适的试验方法对石灰进行检测。

①石灰有效氧化钙含量的测定采用______法,该方法适用于______石灰。

②石灰氧化镁的测定采用______法,该方法适用于______石灰。

③石灰有效氧化钙和氧化镁合量的测定还可采用______法,该方法适用于______石灰。

根据所给设计资料,请你选择试验方法并说明你选择该方法的原因。

你最终选择的试验方法为______。

请说明你选择本试验方法的原因:______

______

2)试验操作

引导问题1:如何完成石灰有效氧化钙含量的测定?

(1)试验准备

检查此次试验所需仪器设备是否齐全,见表2-2。

表2-2

仪器设备	任务完成则画"√"
滴定台及滴定管夹,酸式滴定管:50mL	□
具塞三角瓶:250mL;玻璃珠:ϕ3mm	□
分析天平:万分之一,1台;架盘天平:感量0.1g,一台	□
筛子:0.15mm;烘箱:50~250℃;干燥器:ϕ25cm;称量瓶:ϕ30mm×50mm;瓷研钵:ϕ12~13cm	□
电炉:1 500W;石棉网:20cm×20cm	□
短颈漏斗、塑料洗瓶、塑料桶、下口蒸馏水瓶、容量瓶、量筒、试剂瓶、塑料试剂瓶、烧杯、棕色广口瓶、滴瓶等	□
大肚移液管、表面皿、玻璃棒、试剂勺、吸水管、洗耳球等	□

(2)试剂准备

①蔗糖(分析纯)。

②酚酞指示剂:称取____________ g 酚酞溶于____________ mL 95%乙醇中。

③0.1%甲基橙水溶液:称取____________ g 甲基橙溶于____________ mL 蒸馏水中。

④0.5N 盐酸标准溶液:将____________ mL 浓盐酸(相对密度 1.19)稀释至 1L,并标定其浓度。

拓展知识:

盐酸当量浓度标定步骤:

(1)将分析纯碳酸钠在 180℃烘箱中烘干 2h;

(2)称取烘干碳酸钠质量 Q(约 0.800 ~ 1.000g,准确至 0.000 2g);

(3)将称好的碳酸钠置于 250mL 三角瓶中,加 100mL 水使其完全溶解;

(4)加入 2 ~ 3 滴 0.1% 甲基橙指示剂;

(5)用待标定的标准盐酸溶液滴定,至碳酸钠溶液由黄色变为橙红色;

(6)将溶液加热至沸,并保持微沸 3min,然后放在冷水中冷却至室温,如此时橙红色变为黄色,则再用盐酸标准溶液滴定,至溶液出现稳定橙红色为止,记录滴定过程中消耗的盐酸标准溶液数量 V。

盐酸标准溶液的当量浓度按下式计算:

$$N = Q/V \times 0.053 \tag{2-1}$$

式中:N——盐酸标准溶液当量浓度,g/mL;

Q——称取碳酸钠的质量,g;

V——滴定时消耗盐酸标准溶液的体积,mL。

(3)试样制备

①生石灰试样:打碎至颗粒不大于 2mm,用____________法缩减至 200g 左右,放入瓷研钵中研细,再经____________法缩减至 20g 左右,研磨所得石灰样品,使其通过____________ mm 筛。从此细样中均匀挑取 10 余克,在 100℃温度下烘干 1h,储于干燥器中备用。

②消石灰试样:将消石灰样品用____________法缩减至 10 余克左右。如有大颗粒存在,需研细至无不均匀颗粒存在为止。置于 105 ~ 110℃温度下烘干 1h,储于干燥器中备用。

(4)试验步骤

①称取约 0.5g(用减量法称准至 0.000 5g)试样,放入干燥的 250mL 具塞三角瓶中。

②取 5g 蔗糖覆盖在试样表面,投入干玻璃珠 15 粒。

投入玻璃珠的作用是____________________________________。

③迅速加入新煮沸并已冷却的蒸馏水 50mL,立即加塞振荡 15min(如有试样结块或粘于瓶壁现象,则应重新取样)。

④打开瓶塞,用水冲洗瓶塞及瓶壁,加入 2 ~ 3 滴酚酞指示剂。

⑤滴定。以盐酸标准溶液滴定(滴定速度以每秒 2 ~ 3 滴为宜),至溶液的粉红色显著消失,并在 30s 内不再复现为止。

提示：

(1)试样加水振荡时，振荡力应适度，勿让试样粘于瓶壁；

(2)滴定时应控制好滴定速度，以免盐酸过量；

(3)试验完冲洗三角瓶时，要用稀盐酸冲洗一次，再用洁净水冲洗干净，以免影响下一次试验结果；

(4)在计算石灰中有效CaO含量时，盐酸当量浓度应取标定后的数据。

(5)结果整理与分析

提示：

对同一石灰样品应取两个试样分别进行测定，并取两次结果的平均值作为测定值。

有效氧化钙的含量计算公式如下：

$$CaO(\%) = \frac{V \times N \times 0.028}{G} \times 100\% \tag{2-2}$$

式中：V——滴定时消耗盐酸标准溶液的体积，mL；

N——盐酸标准溶液当量浓度；

0.028——氧化钙毫克当量；

G——试样质量，g。

石灰有效氧化钙含量试验记录表见表2-3。

石灰有效CaO含量试验记录表 表2-3

<table>
<tr><td colspan="3">试样编号</td><td colspan="2"></td><td>石灰产地</td><td colspan="3"></td></tr>
<tr><td colspan="3">石灰类别</td><td colspan="2"></td><td>用　途</td><td colspan="3"></td></tr>
<tr><td rowspan="2">试验次数</td><td rowspan="2">瓶号</td><td rowspan="2">石灰质量(g)</td><td rowspan="2">盐酸当量浓度(N)</td><td colspan="2">滴定管中盐酸量(mL)</td><td rowspan="2">消耗盐酸数量 $V_2 - V_1$(mL)</td><td colspan="2">石灰中有效CaO含量(%)</td></tr>
<tr><td>初读数 V_1</td><td>终读数 V_2</td><td>单值</td><td>平均值</td></tr>
<tr><td>1</td><td></td><td></td><td></td><td></td><td></td><td></td><td></td><td rowspan="2"></td></tr>
<tr><td>2</td><td></td><td></td><td></td><td></td><td></td><td></td><td></td></tr>
<tr><td colspan="2">结论</td><td colspan="7"></td></tr>
<tr><td colspan="9">计算过程：</td></tr>
</table>

试验者________计算者________校核者________试验日期________

拓展知识：

石灰氧化镁含量如何测定？

______

引导问题2：如何完成石灰有效氧化钙和氧化镁合量的测定？

（1）试验准备

仪器设备：基本同石灰有效氧化钙含量测定试验。

（2）试剂准备

①1N 盐酸标准溶液：将______mL 浓盐酸（相对密度1.19）稀释至1L，并标定其浓度。

②1% 酚酞指示剂。

（3）试验步骤

①迅速称取石灰试样0.8～1.0g（准确至0.000 5g），放入300mL 三角瓶中。

②加入150mL 新煮沸并已冷却的蒸馏水和10颗玻璃珠。

③瓶口上插一短颈漏斗，加热5min，但勿使之沸腾，迅速冷却。

加热的作用是______。

④滴入酚酞指示剂2滴。

⑤滴定：滴定速度为每秒2～3滴，至粉红色消失，稍停，若又出现红色，则继续滴入盐酸，如此重复几次，至5min 内不再出现红色为止。如滴定过程持续半小时以上，则结果只能作为参考。

拓展知识：

石灰有效氧化钙含量测定和钙镁合量测定在方法上有哪些不同？为什么？

______

______

______

______

______

______

（4）结果整理与分析

$$(CaO + MgO)\% = (V \times N \times 0.028/G) \times 100\% \tag{2-3}$$

式中：V——滴定消耗盐酸标准溶液的体积，mL；

N——盐酸标准溶液的当量浓度；

G——样品质量。

钙镁合量计算公式与上一试验中石灰有效氧化钙含量计算公式相同，原因是______

______

______

拓展知识：

为什么石灰有效氧化钙和氧化镁合量简易测定方法只能适应于低镁石灰？

______

______

______

______

______

任务二：土及粉煤灰质量检测：

根据《公路路面基层施工技术规范》（JTJ 034—2000），土及粉煤灰的质量应满足以下要求：

（1）粉煤灰中SiO_2、Al_2O_3和Fe_2O_3的总含量应大于70%，粉煤灰的烧失量不应超过20%；粉煤灰的比表面积宜大于2 500cm^2/g（或90%通过0.3mm筛孔，70%通过0.075mm筛孔）。

（2）宜采用塑性指数12～20的黏性土（亚黏土），土块的最大粒径不应大于15mm，有机质含量超过10%的土不宜选用。

引导问题1：根据《公路土工试验规程》（JTG E40—2007），回答下列问题：

按照土中单个颗粒的粒径大小和组成，将土分为______、______、______。

路基中，一般对土的要求是______、______。

在进行路基用土的选择时，适合选用哪类土，不宜选用哪类土？

______

______

______

引导问题2：二灰土中，对粉煤灰的品质要求是什么？用量比例是多少？

______

______

______

______

任务三：石灰粉煤灰稳定土组成设计与性能检测

根据《公路路面基层施工技术规范》（JTJ 034—2000），混合料组成设计及强度要求要满足下列条件：

（1）石灰工业废渣稳定土的7d浸水抗压强度应符合表2-4的规定。

二灰混合料的抗压强度标准 表2-4

层位 \ 公路等级	二级和二级以下公路	高速公路和一级公路
基层（MPa）	0.6～0.8	0.8～1.1①
底基层（MPa）	≥0.5	≥0.6

注：①采用此比例时，石灰与粉煤灰之比宜为1:3～1:2。

（2）石灰工业废渣稳定土的组成设计应根据表2-4的强度标准，通过试验选取最适宜的稳定土，确定石灰与粉煤灰或石灰与煤渣的比例，确定石灰粉煤灰或石灰煤渣与土的质量比例，确定混合料的最佳含水率。

(3)采用二灰土作基层或底基层时,石灰与粉煤灰的比例可用1∶4～1∶2(对于粉土,以1∶2为宜),石灰粉煤灰与细粒土的比例可以是3∶7～9∶1,采用3∶7的比例时,石灰与粉煤灰之比宜为1∶3～1∶2。

(4)各种混合料的各项试验应按《公路工程无机结合料稳定材料试验规程》(JTG E51—2009)进行。

引导问题1:无机结合料稳定材料组成设计步骤

(1)确定设计标准。根据《公路路面基层施工技术规范》(JTJ 034—2000)规定:对石灰粉煤灰集料(或土)混合料进行配合比设计时,采用________为设计标准。

(2)初步确定灰剂量。

(3)按5种灰剂量材料,分别以不同含水率加水,做标准击实试验,求出最大干密度及最佳含水率。

(4)分别以5种灰剂量、最佳用水率制作5组试件,做7d无侧限抗压强度试验、灰剂量试验。

(5)计算。

引导问题2:如何完成石灰剂量的测定?

1)试验准备

检查此次试验所需仪器设备是否齐全,见表2-5。

表2-5

仪器设备	任务完成则画"√"
滴定管(酸式):50mL,1支	□
滴定管支架、滴定管夹:各1个	□
大肚移液管:10mL,6支	□
锥形瓶(即三角瓶):200mL,12个	□
烧杯:500mL,1只;50mL,3只	□
容量瓶:1 000mL,1个	□
搪瓷杯:容量大于1 200mL,6只	□
不锈钢搅拌棒或粗玻璃棒:(长30～35cm)两根	□
托盘天平:称量500g,感量0.5 g	□
精密试纸:pH12～14,最好用pH值测定仪(酸度计)	□
量筒:1 000mL、100mL、25mL、5mL各1个	□
棕色广口瓶:25mL,1个(装紫脲酸胺粉或钙红),也可以用有盖塑料瓶	□
聚乙烯桶:20L的1个(装蒸馏水)	□
聚乙烯桶:10L的1个(装氯化铵溶液)	□
聚乙烯瓶:1L的1个(装氢氧化钠)	□
聚乙烯试剂瓶:1L的1个(装EDTA)	□
玻璃试剂瓶1个(盛放三乙醇胺)	□
秒表1只,洗耳球1个,玻璃棒若干根,毛刷,去污粉,特种铅笔,滴管	□

2)试剂

(1)0.1moL/m^{3}的乙二胺四乙酸二钠(简称EDTA二钠)标准液。准确称取EDTA二钠(分析纯)37.226g,用微热的无二氧化碳(CO_2)的蒸馏水溶解,待全部溶解并冷却至室温后,用容量瓶定容至1 000mL。

(2)10%氯化铵(NH_4Cl)溶液。将500g氯化铵(分析纯或化学纯)放在10L的聚乙烯桶内,加蒸馏水4 500mL,充分振荡,使氯化铵完全溶解。也可以分批在1 000mL的烧杯内配制,然后倒入塑料桶内。

(3)1.8%氢氧化钠(内含三乙醇胺)溶液。用100g架盘天平称取18g氢氧化钠(NaOH)(分析纯)放入洁净干燥的1 000ml烧杯中,加1 000ml蒸馏水使其全部溶解,待溶液冷却至室温后,加入2mL三乙醇胺(分析纯),搅拌均匀后储于塑料桶中。

(4)钙红指示剂。将0.2g钙试剂羟酸钠(分子式为$C_{21}H_{13}O_7N_2SN_a$,分子量为460.39)与20g预先在105℃烘箱中烘1h的硫酸钾混合。将其一起放在研钵中,研成极细粉末,储于棕色磨口广口瓶中,以防吸潮。

3)试验步骤

(1)准备标准曲线

①取样:取工地用石灰和集料,风干后分别过2.0mm或2.36mm筛,用烘干法或酒精燃烧法测其含水率(如为水泥,可假定其含水率为0%)。

②混合料组成的计算:

a.公式:$干料质量=\dfrac{湿料质量}{(1+含水率)}$。

b.计算步骤

a) $干混合料质量=\dfrac{300g}{(1+最佳含水率)}$;

b)干土质量=干混合料质量/[1+石灰(或水泥)剂量];

c)干石灰(或水泥)质量=干混合料质量-干土质量;

d)湿土质量=干土质量×(1+土的风干含水率);

e)湿石灰质量=干石灰质量×(1+石灰的风干含水率);

f)石灰土中应加入的水=300g-湿土质量-湿石灰质量。

③准备试样

a.必须严格保持所有仪器设备的清洁,应用蒸馏水洗刷。

b.准备4~5种试样,每种3个样品(以水泥稳定料为例),如下:

第1种:称3份300g集料(如为细粒土,则每份的质量可减为100g)分别放在3个搪瓷杯内。集料的含水率应等于工地预期达到的最佳含水率。集料中所加的水应与工地所用的水相同(300g为湿重)。

第2种:准备3份水泥剂量为2%的水泥土混合料试样,每份均重300g,并分别放在3个搪瓷杯内。水泥土混合料的含水率应等于工地预期达到的最佳含水率。混合料中所加的水应与工地所用的水相同。

第3种、第4种、第5种:各准备3份水泥剂量分别为4%、6%、8%的水泥土混合料试样,每份均重300g,并分别放在9个搪瓷杯内,其他要求同第1种。

c.取一个盛有试样的搪瓷杯,在杯内加600mL10% NH_4C1溶液(当仅用100g混合料时,只需200mL10% NH_4C1溶液),用不锈钢搅拌棒充分搅拌3min(110~120次/min)。如水泥(或石灰)土混合料中的土是细粒土,则也可以用1 000mL锥形瓶代替搪瓷杯,手握锥形瓶(瓶口向上)用力振荡3min(120次/min),以代替搅拌棒搅拌。放置沉淀4min(如4min后,得到的是混浊悬浮液，则应增加放置沉淀时间，直到出现澄清悬浮液为止，并记录所需时间。以后所有该种水泥（或石灰）土混合料的试验，均应以同一时间为准），然后将上部清液移到300mL烧杯内，搅匀，加盖表面皿待测。

d. 用移液管吸取上层（液面下1～2cm）悬浮液10mL，放入200mL的锥形瓶内，加蒸馏水75mL并摇匀。往瓶中加25%的氢氧化钠溶液，用量约4mL（开始可先往瓶中倒入3～4mL，然后用滴管滴加），使溶液的pH值介于13.0～13.5之间（用pH精密试纸鉴定，或用pHS-2，HS-3酸度计）。然后加入紫脲酸胺指示剂（体积约大于绿豆），摇匀，溶液呈玫瑰红色。

④用EDTA二钠标准液滴定到纯蓝色为止。记录EDTA二钠的耗量（以mL计，读至0.1mL）。

⑤对其他几个搪瓷杯中的试样，用同样的方法进行试验，并记录各自的EDTA二钠的耗量。

⑥以同一水泥或石灰剂量的EDTA二钠的耗量（毫升数）的平均值为纵坐标，以水泥或石灰剂量（%）为横坐标。两者的关系应是一根顺滑的曲线，请同学们在图2-2中画出。如素集料或水泥或石灰改变，则必须重做标准曲线。

（2）工地操作步骤

①选取有代表性的水泥土或石灰土混合料，称300g放在搪瓷杯中，用搅拌棒将结块搅散，加600mL10% NH_4CL溶液，然后如前述步骤那样进行试验。

②利用所绘制的标准曲线（图2-2），根据所消耗的EDTA二钠毫升数，确定混合料中的水泥或石灰剂量。

图2-2　标准曲线

（3）注意事项

①每个样品搅拌的时间、速度和方式应力求相同，以提高试验的精度。

②做标准曲线时，如工地实际水泥剂量较大，素集料和低剂量水泥的试样可以不做，而直接用较高的剂量做试验，但应有两种剂量大于实际剂量，以及两种剂量小于实际剂量。

③配制的氯化铵溶液，最好当天用完，不要放置过久，以免影响试验的精度。

灰剂量的试验记录表见表2-6。

灰剂量试验记录(EDTA)　　表 2-6

混合料名称____________　结合料剂量(%)____________

最大干密度(g/cm^3)____________　最佳含水率(%)____________

试　样	试 验 次 数	EDTA 耗量(mL)		灰剂量(%)
	1			
	2			
	1			
	2			
	1			
	2			

计算过程:

试验者____________计算者____________校核者____________试验日期____________

引导问题3：如何完成无侧限抗压强度试验？

（1）试验准备

检查此次试验所需仪器设备是否齐全，见表2-7。

表2-7

仪器设备	任务完成则画“√”
方孔筛：孔径37.5mm、19mm及4.75mm的筛各一个	□
适用于不同土的试模	□
脱模器	□
反力框架：能量达300kN	□
液压千斤顶（200～300kN）	□
夯锤和导管	□
密封湿气箱或湿气池	□
水槽：深度不小于试件高，外加50mm以上	□
路面材料强度试验仪或其他合适的压力机	□
天平：感量0.01g	□
台称：称量10kg，感量5g	□
量筒、拌和工具、漏斗、大小铝盒、烘箱等	□

（2）试样准备

①将具有代表性的风干土试料（必要时，也可在50℃烘箱内烘干），用木锤和木碾捣碎，但应避免破碎土或粒料的原粒径。将土过筛并进行分类。如试料为粗粒土，则除去大于37.5mm的颗粒备用；如试料为中粒土，则除去大于19mm的颗粒备用；如试料为细粒土，则除去大于5mm的颗粒备用。

②在预定做试验的前一天，取有代表性的试料测定其风干含水率。对于细粒土，试样应不小于100g；对于粒径小于25mm的中粒土，试样应不小于1 000g；对于粒径小于37.5mm的粗粒土，试样应不小于2 000g。

③用击实试验法确定水泥（石灰）混合料的最佳含水率和最大干密度。

④对于同一水泥（石灰）剂量需要制相同状态的试件数量（即平行试验的数量）与土类及操作的仔细程度有关（表2-8）。

最少试件数量 表2-8

土类 \ 试件数量 \ 偏差系数	<10%	10%～15%	15%～20%
细粒土	6	9	
中粒土	6	9	13
粗粒土		9	13

（3）制备试件

①称量一定数量的风干土，并计算干土重，其数量随试件大小而变。对于50mm×50mm试件，1个试件约需要干土180～210g；对于100mm×100mm试件，1个试件约需要干土1 700～1 900g；对于150mm×150mm试件，1个试件约需要干土5 700～6 000g。

对于细粒土，可以一次称量 6 个试件的土；对于中粒土，可以一次称量 3 个试件的土；对于粗粒土，一次只称量 1 个试件的土。

②将称量的土放在长方盘(400mm×600mm×70mm)内，向土中加水，对于细粒土(特别是黏性土)使其含水率较最佳含水率小 3%，对于中粒土或粗粒土可按最佳含水率加水。加水量可按下式估算：

$$Q_w = \left(\frac{Q_n}{1+0.01w_n} + \frac{Q_c}{1+0.01w_c}\right)\times 0.01w - \frac{Q_n}{1+0.01Q_n}\times 0.01w_n - \frac{Q_c}{1+0.01w_c}\times 0.01w_c \tag{2-4}$$

式中：Q_w——混合料中应加水的质量，g；

Q_n——混合料中土(或粒料)的质量，g；

Q_c——混合料中水泥(或石灰)的质量，g；

w——要求达到的混合料的含水率，%；

w_n——混合料中土的含水率(风干含水率)，%；

w_c——混合料中水泥(或石灰)的原始含水率，%(通常很小，可以忽略不计)。

将土和水拌和均匀后，如为石灰稳定土和水泥、石灰综合稳定土，可将石灰和试样一起拌匀后，放在密闭容器内浸润备用。

浸润时间：黏性土 12～24h；粉性土 4～8h；砂性土、砂砾土、红土砂砾等可缩短到 2h 左右；含土很少的未筛分碎石、砂砾及砂可以缩短到 1h。

③在浸润过的试料中，加入预定数量的水泥或石灰并拌和均匀。在拌和过程中，应将预留的 3% 水(对于细粒土)加入土中，使混合料含水率达到最佳含水率。拌和均匀的加有水泥的混合料应在 1h 内制成试件。超过 1h 的混合料应该作废。其他结合料稳定土除外。

④制备预定干密度试件，用反力框架和液压千斤顶制作。

a. 制备一个预定干密度的试件需要的水泥混合料的质量 m_1(g)，随试件模型的尺寸而变化，可以下式计算：

$$M_1 = \rho_d V(1+w) \tag{2-5}$$

式中：V——试模体积，cm^3；

w——混合料的含水率，%；

ρ_d——稳定土试件的干密度，g/cm^3。

b. 将试模的下压柱放入试模的底部(事先在试模的内壁及上下压柱的底面涂一薄层机油)，外露 2cm 左右；将称量的规定质量 m_1(g)的稳定土混合料分 2～3 次灌入试模中，每次灌入后用夯棒轻轻均匀插实。如制的是 50mm×50mm 的小试件，则可以将混合料一次倒入试模中，然后将上压柱放入试模内。应使其也外露 2cm 左右(即上下压柱露出试模外的部分应该相等)。

c. 将整个试模(连同上下压柱)放到反力框架内的千斤顶上，加压直到上下压柱都压入试模为止，维持压力 1min。解除压力后，取下试模，拿去上压柱，并放到脱模器上将试件顶出(利用千斤顶和下压柱)，称试件的质量 m_2，小试件准确到 1g，中试件准确到 2g，大试件准确到 5g。然后用游标卡尺量试件的高度 h，准确到 0.1mm。

用击锤制件，步骤同前。只是用击锤(可以利用做击实试验的锤，但压柱顶面需要垫一块牛皮，以保护锤面和压柱顶面不受损伤)将上下压柱打入试模内。

⑤养生。试件从试模内脱出并称重后，应立即放到密封湿气箱内进行保湿养生。但中试

件和大试件应先用塑料薄膜包裹。有条件时,可采用蜡封保湿养生。在没有上述条件的情况下,也可以将包有塑料薄膜的试件埋在湿沙中进行保湿养生。养生时间视需要而定,一般为7d 和 28d,作为工地控制,通常都只取 7d。整个养生期间的温度,在北方地区应保持在 20℃ ±2℃,在南方地区以保持 25℃ ±2℃为宜。

养生期的最后一天,应将试件浸泡在水中,水的深度应使水面在试件顶上约 2.5cm。在水中浸泡之前,应再次称试件的质量 m_3。在养生期间,试件质量的损失应该符合下列规定:小试件不超过 1g,中试件不超过 4g,大试件不超过 10g。质量损失超过此规定的试件,应该作废。

(4)试验步骤

①将已浸水一昼夜的试件从水中取出,用软的旧布吸去试件表面的可见自由水,并称试件的质量 m_4。

②用游标卡尺量试件的高度 h_1,准确到 0.1mm。

③将试件放到路面材料强度试验仪的升降台上(台上先放一扁球座),进行抗压试验。试验过程中,应使试件的形变等速增加,并保持速率约为 1mm/min。记录试件破坏时的最大压力 P(N)。

④从试件内部取有代表性的样品(经过打破),测定其含水率 w_1。

(5)结果整理与分析

①试件的无侧限抗压强度用下列相应的公式计算:

对于小试件

$$R = \frac{P}{A} = 0.0051P(\text{MPa}) \tag{2-6}$$

对于中试件

$$R = \frac{P}{A} = 0.001273P(\text{MPa}) \tag{2-7}$$

对于大试件

$$R = \frac{P}{A} = 0.00566P(\text{MPa}) \tag{2-8}$$

式中:P——试件破坏时的最大压力,N;

A——试件的截面积,$A = \frac{\pi}{4}d^2$,d 为试件的直径。

②试验精度

若干次平行试验的偏差系统 C_v(%)应符合下列规定:

对于小试件,C_v不应大于 10%;

对于中试件,C_v不应大于 15%;

对于大试件,C_v不应大于 20%;

试验结果的平均抗压强度 $\bar{R}$ 应符合式(2-9)的要求:

$$\bar{R} \geqslant R_d/(1 - Z_\alpha C_v) \tag{2-9}$$

式中:R_d——设计抗压强度(表 2-4);

C_v——试验结果的偏差系数(以小数计);

Z_α——标准正态分布表中随保证率(或置信度 α)而变的系数,高速公路和一级公路应取保证率 95%,即 $Z_\alpha = 1.645$;其他公路应取保证率 90%,即 $Z_\alpha = 1.282$。

无侧限抗压强度试验记录表见表2-9。

无侧限抗压强度试验记录表 表2-9

工程名称			混合料名称		
试件尺寸(cm)			试件压实度(%)		
结合料剂量(%)			养生龄期		
最大干密度(g/cm^3)			加载速度(mm/min)		
试件制备方法			试件制作日期		
试件编号		1	2	3	4	5
养生前试件质量(m_2)	g					
浸水前试件质量(m_3)	g					
浸水后试件质量(m_4)	g					
养生期间质量损失(m_2-m_3)	g					
吸水量(m_4-m_3)	g					
养生前试件高度(h_2)	cm					
浸水后试件高度(h_3)	cm					
试验的最大压力(P)	N					
无侧限抗压强度(R_c)	MPa					

计算过程：

试验者______ 计算者______ 校核者______ 试验日期______

(三)评价与反馈

(1)结果分析及学习评价

石灰的有效氧化钙含量是______________,是否符合设计要求?______________

根据设计强度要求,最终选用的二灰土的组成比例是______________________

若有不满足要求的原材料,指出该材料哪项指标不符合要求。

____

请提出相应的解决方法:____

____

____

在完成任务的过程中,最大的困难是什么?

____

____

____

你认为还需加强哪方面的指导(试验操作及理论知识)?

____

____

____

(2)学习工作过程评价表(表2-10)

任务评分表

表2-10

考核项目	分数			学生自评	小组互评	教师评价	小　计
	差	中	好				
团队合作精神	1	3	5				
活动参与是否积极	1	3	5				
操作过程是否正确规范	5	15	25				
工具、设备使用是否规范	1	3	5				
试验结果计算是否正确	2	6	10				
劳动纪律	1	3	5				
试验记录表填写是否完整、清晰	1	3	5				
总　分	60						
教师签字:	年　月　日					得　分	

学习任务三　钢筋混凝土材料性能检测

一、任 务 描 述

在现代公路桥梁中，钢筋混凝土桥是最主要的一种桥型，其广泛应用于高等级公路工程中。它主要是由钢材和水泥混凝土浇筑而成。本次的学习任务是针对具体的工程设计资料，完成相关的原材料的试验检测、水泥混凝土的配合比设计，以及根据设计结果配制水泥混凝土混合料，并对其进行性能检测等。

二、学 习 目 标

(1)根据不同的分类方法对钢材进行区分；

(2)分析主要化学成分对钢材性能的影响；

(3)能说明钢材牌号的含义；

(4)描述石子的级配、物理常数指标的定义、测定方法及工程意义；

(5)按照试验规程，正确使用仪器、设备等进行钢材、石子及水泥混凝土各项技术指标的测定；

(6)完成水泥混凝土的配合比设计；

(7)根据试验数据，分析判断原材料性能是否满足工程要求，如不满足要求，可根据设计要求选择合格的材料；

(8)正确填写试验报告。

三、内容结构(图 3-1)

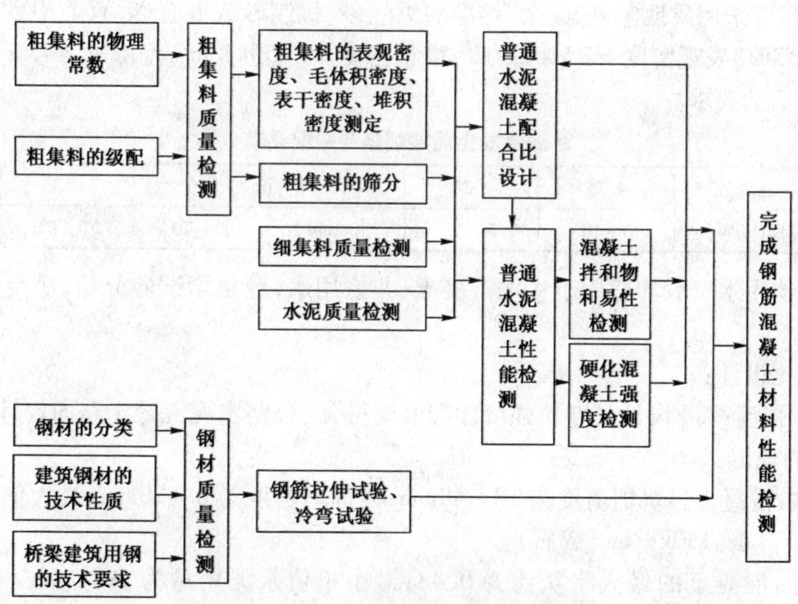

图 3-1　钢筋混凝土材料性能检测内容结构图

四、任 务 实 施

(一)项目引入

某公路设计采用20cm厚水泥混凝土面层(28d抗弯拉强度为4.5MPa),原材料技术要求如下:

(1)水泥。首选强度等级为32.5的道路硅酸盐水泥,其3d、28d抗折强度分别为≥3.5MPa和≥6.5MPa,抗压强度分别为≥16.0MPa和≥32.5MPa。水泥的化学成分、物理指标必须满足《道路硅酸盐水泥》(GB 13693—2005)的要求,也可采用强度等级为42.5的普通硅酸盐水泥,其3d、28d抗折强度分别为≥3.5MPa和≥6.5MPa,抗压强度分别为≥17.0MPa和≥42.5MPa。水泥化学成分、物理指标必须满足《通用硅酸盐水泥》(GB 175—2007)的要求,如表3-1所示。

普通硅酸盐水泥性能表 表3-1

水泥性能	技术要求	水泥性能	技术要求
烧失量	≤5%	安定性	沸煮法必须合格
比表面积	≥300m^2/kg	初凝时间	≥45min
细度(80μm)	筛余量≤10%	终凝时间	≤600min

(2)集料。

①粗集料:碎石最大粒径≤31.5mm,碎石压碎值<20%(卵石<16%),针片状颗粒含量(按质量计)<20%,含泥量(按质量计)<1.5%。表观密度>2 500kg/m^3,堆积密度>1 350kg/m^3,空隙率<47%。可用2~4个粒级的集料进行掺配,其级配应符合表3-2的要求。

水泥混凝土面层粗集料级配要求 表3-2

筛孔尺寸(mm)	37.5	31.5	26.5	19	16	9.5	4.75	2.36
累计筛余,以质量计(%)	0	0~5	20~35	40~60	60~75	75~90	90~100	95~100

②细集料:应采用质地坚硬、耐久、洁净的天然砂、机制砂或混合砂,宜为中砂。其含泥量(按质量计)<3%,表观密度>2 500kg/m^3,堆积密度>1 350kg/m^3,空隙率<47%。其中砂级配应符合表3-3的要求。

水泥混凝土面层细集料级配要求 表3-3

筛孔尺寸(mm)	4.75	2.36	1.18	0.6	0.3	0.15
累计筛余,以质量计(%)	0~10	0~25	10~50	41~70	70~92	90~100

(3)水。饮用水一般均适用于水泥混凝土;非饮用水,经化学试验分析,满足要求时也可使用。

(4)配合比设计:

①抗弯拉强度:28d设计抗弯拉强度标准值应符合《公路水泥混凝土路面设计规范》(JTG D40—2002)的规定。

②工作性:混凝土出机坍落度为10~40mm;摊铺坍落度为0~20mm;最大单位用水量为145kg/m^3(卵石)或150kg/m^3(碎石)。

③耐久性:混凝土的最大水灰比为0.48;最小单位水泥用量为290kg/m^3(42.5级)和305kg/m^3(32.5级)。

(二)任务分解

任务一:粗集料质量检测

根据《水泥混凝土路面施工技术规范》(JTG F30—2003)的规定,粗集料主要技术要求见表3-4。

碎石、碎卵石和卵石技术指标 表3-4

项目	技术要求		
	Ⅰ级	Ⅱ级	Ⅲ级
碎石压碎指标(%)	<10	<15	<20
卵石压碎指标(%)	<12	<14	<16
坚固性(按质量损失计)(%)	<5	<8	<12
针片状颗粒含量(按质量计)(%)	<5	<15	<20
含泥量(按质量计)(%)	<0.5	<1.0	<1.5
表观密度	>2 500kg/m³		
松散堆积密度	>1 350kg/m³		
空隙率	<47%		
碱集料反应	经碱集料反应试验后,无裂缝、酥裂、胶体外溢等现象,在规定试验龄期的膨胀率应小于0.10%		

注:1. Ⅲ级碎石的压碎指标,用作路面时,应小于20%;用作下面层或基层时,可小于25%。
2. Ⅲ级粗集料的针片状颗粒含量,用作路面时,应小于20%;用作下面层或基层时,可小于25%。

根据《公路水泥混凝土路面施工技术规范》(JTG F30—2003)规定,卵石和碎石的颗粒级配应符合表3-5的要求。

粗集料级配范围 表3-5

级配情况	公称粒径(mm)	累计筛余百分率(按质量计)							
		筛孔尺寸(方孔筛,mm)							
		2.36	4.75	9.50	16	19.0	26.5	31.5	37.5
合成级配	4.75~16	95~100	85~100	40~60	0~10				
	4.75~19	95~100	85~95	60~75	30~45	0~5			
	4.75~26.5	95~100	90~100	70~90	50~70	25~40	0~5	0	
	4.75~31.5	95~100	90~100	75~90	60~75	40~60	20~35	0~5	0
单粒粒级	4.75~9.5	95~100	80~100	0~15	0				
	9.5~16		95~100	80~100	0~15	0			
	9.5~19		95~100	85~100	40~60	0~15	0		
	16~26.5			95~100	55~70	25~40	0~10	0	
	16~31.5			95~100	85~100	55~70	25~40	0~10	0

注:1. 公称粒径的上限为该粒径级的最大粒径,单粒级一般要求用于组合具有要求级配的连续粒径,它也可与连续粒径级的碎石配成较大粒径的连续粒径。
2. 根据混凝土工程和资源的具体情况,进行综合技术分析后,在特殊情况下,允许直接采用单粒级,但必须避免混凝土发生离析。

1. 学习准备

引导问题：根据所给设计资料，需要对粗集料进行哪些项目的检测？

(1)回忆前面所学内容，简述什么是表观密度？什么是毛体积密度？什么是空隙率？

拓展知识：

(1)表干密度：单位体积(含材料的实体矿物成分及闭口孔隙、开口孔隙等颗粒表面轮廓线所包围的全部毛体积)物质颗粒的饱和面干质量，用 ρ_s 表示。

(2)饱和面干状态：骨料等处在内部孔隙含水达到饱和而表面干燥的状态。

(2)粗集料各物理常数和细集料各物理常数有无区别？

(3)分析粗集料坚固性和压碎值的区别？

(4)粗集料磨光值和磨耗值的区别是什么？

(5)碎石或卵石的强度，可用________和________两种方法检验。

(6)以下面T形梁为例(图3-2)，请选择粗集料的最大粒径：

根据所给条件，粗集料最大粒径应选择________mm。

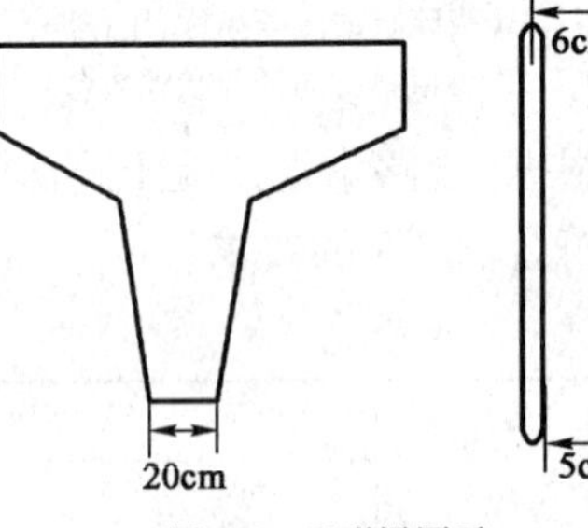

图3-2 T形梁图示

拓展知识：

(1)集料最大粒径：指集料100%都要通过的最小的标准筛筛孔尺寸。

(2)集料的公称最大粒径：指集料可能全部通过或允许有少量不通过(一般容许筛余不超过10%)的最小标准筛筛孔尺寸。通常比集料最大粒径小一个粒级。

(7)哪种表面特征及形状的粗集料有利于混凝土拌和物的流动性？

(8)假设一种粗集料的压碎值为17%，针片状颗粒含量为20%，这种集料能否用来配置混凝土？

2. 计划与实施

1）试验方案选择

引导问题：根据《公路工程集料试验规程》（JTG E42—2005）选择合适的试验方法对粗集料进行检测。

粗集料密度及吸水率试验采用__________法。本方法适用于测定粗集料的__________、__________、__________、__________、__________、__________、__________。

2）试验操作

引导问题1：如何完成粗集料的密度及吸水率的测定？

（1）试验准备

检查此次试验所需仪器设备是否齐全，见表3-6。

表3-6

仪器设备	任务完成则画"√"
天平或浸水天平	□
吊篮	□
溢流水槽	□
烘箱：能使温度控制在105～110℃	□
盛水容器	□
标准筛	□
温度计、毛巾等	□

（2）试样制备

①将试样用4.75mm方孔筛过筛，用__________缩分至要求的质量，分两份备用。

②经缩分后供测定密度的粗集料质量应符合表3-7的规定。

测定密度所需要的试样最小质量 表3-7

公称最大粒径（mm）	4.75	9.5	16	19	26.5	31.5	37.5	63	75
每一份试样的最小质量（kg）	0.8	1	1	1	1.5	1.5	2	3	3

③将每份试样浸泡在水中，仔细洗去附在集料表面的尘土和石粉。

④取一份试样装入干净的搪瓷盘中，注入洁净的水，水面至少应高出试样________cm，轻轻搅动石料，使附在石料上的气泡溢出。在室温下保持浸水24h。

（3）试验步骤

①将吊篮挂在天平的吊钩上，放入溢流水槽中，向溢流水槽内注水，待水面与水槽的溢流孔水平时为止，将天平调零。

提示：

试验前应测量水温，水温宜控制在15～25℃。

②将试样移入吊篮中。溢流水槽中的水面高度由水槽的溢流孔控制，维持不变。称取集料在水中的质量（m_w）。

提示：

（1）等到溢流孔不再滴水时，方可进行称量。

（2）称量时，注意吊篮不能碰到水槽四周及底部。

③提起吊篮,稍稍滴水后,将试样倒入浅搪瓷盘中,用拧干的湿毛巾轻轻擦干颗粒的表面水,至表面看不到发亮的水迹,即为饱和面干状态。

提示:

当粗集料尺寸较大时,可逐颗擦干。整个过程中,不得有集料丢失。

④在保持表干状态下,立即称取集料的表干质量(m_f)。

⑤将集料置于浅盘中,放入105℃±5℃的烘箱中烘干至恒重。取出浅盘,放在带盖的容器中冷却至室温,称取集料的烘干质量(m_a)。

(4)结果整理与分析

提示:

(1)计算结果精确至0.001g/cm³。

(2)对同一规格的集料应平行试验两次,取平均值作为试验结果。两次测得的相对密度结果之差不得超过0.02,吸水率不得超过0.2%。

①按下式计算表观相对密度γ_a、表干相对密度γ_s、毛体积相对密度γ_b、表观密度ρ_a、表干密度ρ_s、毛体积密度ρ_b:

$$\gamma_a = \frac{m_a}{m_a - m_w} \tag{3-1}$$

$$\rho_a = \gamma_a \times \rho_T \text{ 或 } \rho_a = (\gamma_a - a_T) \times \rho_w$$

$$\gamma_s = \frac{m_f}{m_f - m_w} \tag{3-2}$$

$$\rho_s = \gamma_s \times \rho_T \text{ 或 } \rho_s = (\gamma_s - a_T) \times \rho_w$$

$$\gamma_b = \frac{m_a}{m_f - m_w} \tag{3-3}$$

$$\rho_b = \gamma_b \times \rho_T \text{ 或 } \rho_b = (\gamma_b - a_T) \times \rho_w$$

式中:γ_a——集料的表观相对密度,无量纲;

ρ_a——粗集料的表观密度,g/cm³;

γ_s——集料的表干相对密度,无量纲;

ρ_s——粗集料的表干密度,g/cm³;

γ_b——集料的毛体积相对密度,无量纲;

ρ_b——粗集料的毛体积密度,g/cm³;

m_a——集料的烘干质量,g;

m_f——集料的表干质量,g;

m_w——集料的水中质量,g;

ρ_w——水在4℃时的密度(1.000g/cm³);

ρ_T、a_T——试验温度T时水的密度及水温修正系数,按表3-8取用。

不同水温时水的密度 ρ_T 及水温修正系数 a_T 表 3-8

水温(℃)	15	16	17	18	19	20
水的密度 ρ_T (g/cm^3)	0.999 13	0.998 97	0.998 80	0.998 62	0.998 43	0.998 22
水温修正系数 a_T	0.002	0.003	0.003	0.004	0.004	0.005
水温(℃)	21	22	23	24	25	
水的密度 ρ_T (g/cm^3)	0.998 02	0.997 79	0.997 56	0.997 33	0.997 02	
水温修正系数 a_T	0.005	0.006	0.006	0.007	0.007	

②集料的含水率以烘干试样为基准，按式(3-4)计算，精确至0.01%。

$$\omega_x = \frac{m_f - m_a}{m_a} \times 100\% \tag{3-4}$$

式中：ω_x——粗集料的吸水率，%；

m_f、m_a——意义同上。

粗集料密度试验记录表见表3-9。

粗集料密度试验记录表 表 3-9

试样编号					试样产地					
试样名称					用　途					
试验次数	水中质量(g)	表干质量(g)	烘干质量(g)	水温(℃)	表观相对密度	表干相对密度	毛体积相对密度	表观密度(g/cm^3)	表干密度(g/cm^3)	毛体积密度(g/cm^3)	吸水率(%)
1											
2											
平均值											
计算过程：											

试验者＿＿＿＿＿＿计算者＿＿＿＿＿＿校核者＿＿＿＿＿＿试验日期＿＿＿＿＿＿

引导问题 2：如何完成粗集料堆积密度及空隙率测定？

（1）试验准备

检查此次试验所需仪器设备是否齐全，见表 3-10。对水泥混凝土集料容量筒的规格要求见表 3-11。

表 3-10

仪器设备	任务完成则画"√"
天平或台秤：感量不大于称量的 0.1%	□
适用于不同粒径的容量筒	□
平头铁锹	□
烘箱：能使温度控制在 105～110℃	□
振动台：频率为 3 000 次/min ±200 次/min，负荷下的振幅为 0.35mm，空载时的振幅为 0.5mm	□
捣棒：直径 16mm，长 600mm，一端为圆头的钢棒	□
玻璃片	□

水泥混凝土集料容量筒的规格要求 表 3-11

粗集料公称最大粒径（mm）	容量筒容积（L）	容量筒规格（mm）			筒壁厚度（mm）
		内径	净高	底厚	
≤4.75	3	155 ±2	160 ±2	5.0	2.0
9.5～26.5	10	205 ±2	305 ±2	5.0	3.0
31.5～37.5	15	255 ±5	295 ±5	5.0	4.0
≥53	20	355 ±5	305 ±5	5.0	3.0

（2）试验准备

按粗集料的取料方法取样、缩分，质量应满足试验要求，在 105℃ ±5℃ 的烘箱中烘干，也可以摊在清洁的地面上风干，拌匀后分成两份备用。

（3）试验步骤

①称取容量筒的质量（m_1）。

②容量筒容积的标定。

a. 称取容量筒 + 玻璃片的质量（m_1）。

b. 用水装满容量筒，测量水温，擦干筒外壁的水分，称取容量筒 + 玻璃片 + 水的总质量（m_w），并按水的密度对容量筒的容积作校正。

$$V = \frac{m_w - m'_1}{\rho_w} \times 1\,000 \tag{3-5}$$

式中：V——容量筒的容积，L；

m'_1——容量筒 + 玻璃片的质量，kg；

m_w——容量筒 + 玻璃片 + 水的总质量，kg；

ρ_w——试验温度 T 时水的密度，按粗集料密度试验表中选用，kg/m^3。

③自然堆积密度测定。取试样 1 份，置于平整干净的水泥地（或铁板）上，用平头铁锹铲起试样，使石子自由落入容量筒内。此时，从铁锹的齐口至容量筒上口的距离应保持为 50mm 左右，装满容量筒，并除去凸出筒口表面的颗粒，并以合适的颗粒填入凹陷空隙，使表面稍凸起

部分和凹陷部分的体积大致相等，称取试样和容量筒总质量(m_2)。

④振实密度测定。按堆积密度试验步骤，将装满试样的容量筒放在振动台上，振动3min，或者将试样分3层装入容量筒，装完一层后，在筒底垫放一根直径为25mm的圆钢筋，将筒按住，左右交替颠击地面各25下；然后装入第二层，用同样的方法颠实（但筒底所垫钢筋的方向应与第一层放置方向垂直）；然后再装入第三层，如法颠实；待三层试样装填完毕后，加料填到试样超出容量筒口，用钢筋沿筒口边缘滚转，刮下高出筒口的颗粒，用合适的颗粒填平凹处，使表面稍凸起部分和凹陷部分的体积大致相等，称取试样和容量筒总质量(m_2)。

⑤捣实密度测定。将试样装入符合要求规格的容器中至其高度的1/3处，由边至中用捣棒均匀捣实25次。再向容器中装入1/3高度的试样，用捣棒均匀地捣实25次，捣实深度约至下层的表面。然后重复上一步骤，加最后一层，捣实25次，使集料与容器口齐平。用合适的集料填充表面的大空隙，再用直尺大体刮平，目测估计使表面凸起的部分与凹陷的部分的容积大致相等，称取容量筒与试样的总质量(m_2)。

(4)结果整理与分析

提示：

(1)计算结果精确至0.01g/cm^3。

(2)水泥混凝土配合比设计时采用空隙率 Vc，而沥青玛蹄脂碎石混合料(SMA)进行配合比设计时采用间隙率 VCA_{DRC}。

①堆积密度（包括自然堆积状态、振实状态、捣实状态下的堆积密度）按式(3-6)计算至小数点后两位。

$$\rho = \frac{m_2 - m_1}{V} \tag{3-6}$$

式中：ρ——堆积密度，kg/m^3；

m_1——容量筒的质量，kg；

m_2——容量筒与相应状态下试样的总质量，kg；

V——容量筒的容积，L。

②水泥混凝土用粗集料的空隙率按式(3-7)计算。

$$Vc = \left(1 - \frac{\rho}{\rho_a}\right) \times 100\% \tag{3-7}$$

式中：Vc——水泥混凝土用粗集料的空隙率，%；

ρ_a——粗集料的表观密度，kg/m^3；

ρ——粗集料的振实密度，kg/m^3。

③沥青混凝土用粗集料骨架捣实状态下的间隙率按式(3-8)计算。

$$VCA_{DRC} = \left(1 - \frac{\rho}{\rho_b}\right) \times 100\% \tag{3-8}$$

式中：VCA_{DRC}——捣实状态下粗集料骨架间隙率，%；

ρ_b——粗集料的毛体积密度，kg/m^3；

ρ——粗集料的捣实密度，kg/m^3。

容量筒容积标定记录表、粗集料堆积密度试验记录表、空隙率或间隙率记录表分别见表3-12～表3-14。

容量筒容积标定记录表 表 3-12

水温（℃）	水的密度 ρ_w（kg/m^3）	容量筒＋玻璃片质量 m_1'（kg）	容量筒＋玻璃片＋水总质量 m_w（kg）	容量筒容积（L）

粗集料堆积密度试验记录表 表 3-13

试样编号				试样产地		
试样名称				用　途		
试验次数	容积筒容积 V（L）	容积筒质量 m_1（kg）	容积筒＋试样总质量 m_2（kg）	试样质量 $m=m_2-m_1$（kg）	堆积密度 ρ（kg/L）	
					单值	平均值
1						
2						

空隙率或间隙率记录表 表 3-14

表观密度（g/cm^3）	堆积密度（kg/L）	空隙率或间隙率（%）
计算过程：		

试验者______ 计算者______ 校核者______ 试验日期______

引导问题3:如何完成粗集料的级配测定?(以干筛法为例)

(1)试验准备

检查此次试验所需仪器设备是否齐全,见表3-15

表3-15

仪 器 设 备	任务完成则画"√"
试验筛:根据需要选用规定的标准筛	□
天平或台秤:感量不大于试样质量的0.1%	□
其他:盘子、铲子、毛刷等	□
烘箱:能使温度控制在105~110℃	□

(2)试样制备

将集料用四分法缩分至表3-16要求的试样所需量,风干后备用。根据需要,可按要求的集料最大粒径的筛孔尺寸过筛,除去超粒径部分颗粒后,再进行筛分。

筛分用的试样质量 表3-16

公称最大粒径(mm)	75	63	37.5	31.5	26.5	19	16	9.5	4.75
试样质量不少于(kg)	10	8	5	4	2.5	2	1	1	0.5

(3)试验步骤

①将一份试样置于105℃±5℃烘箱中烘干至恒重,称取干燥集料试样的总质量(m_0),准确至0.1%。

提示:

注意不同形状试件的尺寸量取方法。

②将搪瓷盘作筛分容器,按筛孔大小排列顺序逐个将集料过筛。人工筛分时,需使集料在筛面上同时有水平方向及上下方向的不停顿的运动,使小于筛孔的集料通过筛孔,直至1min内通过筛孔的质量小于筛上残余量的0.1%为止。采用摇筛机筛分后,应该逐个由人工补筛。将筛出通过的颗粒并入下一号筛,和下一号筛中的试样一起过筛,顺序进行,直至各号筛全部筛完为止,以确认1min内通过筛孔的质量确实小于筛上残余量的0.1%。

提示:

(1)如果某个筛上的集料过多,影响筛分作业时,可以分两次筛分。

(2)当筛余颗粒的粒径大于19mm时,筛余过程中允许用手指轻轻拨动颗粒,但不得逐粒塞过筛孔。

③称取每个筛上的筛余量,准确至总质量的0.1%。各筛分计筛余量及筛底存量的总和与筛分前试样的总质量m_0相比,其相差不得超过0.5%。

(4)结果整理与分析

提示:

(1)分计筛余、累计筛余、通过率计算公式同细集料。

(2)计算结果保留一位小数。

(3)对于沥青路面用粗集料的筛分,必须采用水洗法进行。

(4)根据需要,绘制筛分曲线。

粗集料筛分试验记录表见表3-17。

粗集料筛分试验记录表 表3-17

试样编号					试样产地		
试样名称					用　途		
试样质量(g)	筛孔尺寸(mm)	各筛存留质量(g)			分计筛余 a_i(%)	累计筛余 A_i(%)	通过率 P_i(%)
		第一次	第二次	平均			
结论							
计算过程:							

试验者＿＿＿＿计算者＿＿＿＿校核者＿＿＿＿试验日期＿＿＿＿

引导问题 4:如何完成粗集料的压碎值测定?

(1)试验准备

检查此次试验所需仪器设备是否齐全,见表 3-18。

表 3-18

仪 器 设 备	任务完成则划"√"
1 台压力试验机:500kN,应能在 10min 内达到 400kN	□
石料压碎值试验仪	□
天平:称量 2 ~ 3kg,感量不大于 1g	□
标准筛:筛孔尺寸分别为 13.2mm、9.5mm、2.36mm 方孔筛各一个	□
金属棒	□
金属筒	□

(2)试验步骤

①采用风干石料,用 13.2mm 和 9.5mm 标准筛过筛,取 9.5 ~ 13.2mm 的试样 3 组各 3 000g,供试验用。如过于潮湿需加热烘干时,烘箱温度不得超过 100℃,烘干时间不得超过 4h。试验前,石料应冷却至室温。

②每次试验的石料数量应满足按下述方法夯击后石料在试筒内的深度为 100mm。在金属筒中确定石料数量的方法如下:将试样分 3 次(每次数量大体相同)均匀装入试模中,每次均将试样表面整平,用金属棒的半球面端从石料表面上均匀捣实 25 次,最后用金属棒作为直刮刀将表面仔细整平,称取量筒中试样质量(m_0)。以相同质量的试样进行压碎值测定得平行试验。

③将试样安放在底板上。

④将要求质量的试样分 3 次(每次数量大体相同)均匀装入试模中,每次均将试样表面整平,用金属棒的半球面端在石料表面上均匀捣实 25 次,最后用金属棒作为直刮刀将表面仔细整平。

⑤将装有试样的试模放在压力机上,同时加压头放入试筒内石料面上,注意使压头摆平,勿楔挤试模侧壁。

⑥开动压力机,均匀地施加荷载,在 10min 左右的时间内达到总荷载 400kN,稳压 5s,然后卸荷。

⑦将试模从压力机上取下,取出试样。

⑧用 2.36mm 标准筛筛分经压碎的全部试样,可分几次筛分,均需筛到在 1min 无明显的筛出物为止。

⑨称取通过 2.36mm 筛孔的全部细料质量(m_1),准确至 1g。

(3)结果整理与分析

碎石或砾石的压碎指标值按式(3-9)计算,准确至 0.1%。

$$Q'_a = \frac{m_1}{m_0} \times 100\% \tag{3-9}$$

式中:Q'_a——压碎值,%;

m_0——试验前试样质量，g；

m_1——试验后通过 2.36mm 筛孔的细料质量，g。

提示：

以 3 次平行试验结果的算术平均值作为压碎指标的测定值。

压碎值试验记录表见表 3-19。

压碎值试验记录表 表 3-19

试样编号		试样产地		
试样名称		用　途		
试验次数	试验前试样质量 m_0 (g)	试验后通过 2.36mm 筛孔的细料质量 m_1 (g)	压碎指标值 Q'_a(%)	
			单值	平均值
1				
2				
3				
计算过程：				

试验者＿＿＿＿＿＿计算者＿＿＿＿＿＿校核者＿＿＿＿＿＿试验日期＿＿＿＿＿＿

引导问题5:如何完成水泥混凝土用粗集料针片状颗粒含量的测定?(规准仪法)

(1)试验准备

检查此次试验所需仪器设备是否齐全,见表3-20。水泥混凝土集料针、片状颗粒的粒级划分及其相应的规准仪孔宽或间距要求见表3-21。

表3-20

仪器设备	任务完成则划"√"
规准仪	□
天平或台秤:感量不大于称量值的0.1%	□
标准筛:孔径分别为4.75mm、9.5mm、16mm、19mm、26.5mm、31.5mm、37.5mm,试验时根据需要选用	□

水泥混凝土集料针、片状颗粒试验的粒级划分及其相应的规准仪孔宽或间距 表3-21

粒级(圆孔筛)(mm)	4.75~9.5	9.5~16	16~19	19~26.5	26.5~31.5	31.5~37.5
针状规准仪上相对应的立柱之间的间距(mm)	17.1 (B_1)	30.6 (B_2)	42.0 (B_3)	54.6 (B_4)	69.6 (B_5)	82.8 (B_6)
片状规准仪上相对应的孔宽(mm)	2.8 (A_1)	5.1 (A_2)	7.0 (A_3)	9.1 (A_4)	11.6 (A_5)	13.8 (A_6)

(2)试验步骤

①将试样在室内风干至表面干燥,并用四分法缩分至满足表3-22规定的质量要求,称量其质量(m_0),然后筛分成表3-22所规定的粒级备用。

针、片状试验所需的试样最小质量 表3-22

公称最大粒径(mm)	9.5	16	19	26.5	31.5	37.5
试样最小质量(kg)	0.3	1	2	3	5	10

②按表3-22所规定的粒级用规准仪逐粒对试样进行鉴定,凡颗粒长度大于针状规准仪上相应间距者,为针状颗粒,厚度小于片状规准仪上相应孔宽者,为片状颗粒。

③称量由各粒级挑出的针状和片状颗粒的总量(m_1)。

(3)结果整理与分析

试样针、片状颗粒含量计算:

$$Q_e = \frac{m_1}{m_0} \times 100\% \tag{3-10}$$

式中:Q_e——试样的针、片状颗粒含量,%;

m_1——试样中所含针、片状颗粒的总质量,g;

m_0——试样总质量,g。

提示:

(1)沥青路面用粗集料的细长扁平颗粒含量采用游标卡尺法进行测定。

(2)沥青路面用粗集料的细长扁平颗粒厚度与长度之比为1:3,而水泥混凝土用粗集料针、片状颗粒厚度与长度之比为1:6。

针、片状颗粒含量试验记录表见表3-23。

针、片状颗粒含量试验记录 表 3-23

试样编号			试样产地		
试样名称			用　途		
试样 总质量(g)	粒级 (mm)	各粒级质量 (g)	各粒级针、 片状颗粒质量(g)	试样针、片 状颗粒总质量(g)	试样针、 片状颗粒含量 (%)
①	②	③	④	⑤	⑥=⑤/①
	4.75~9.5				
	9.5~16				
	16~19				
	19~26.5				
	26.5~31.5				
	31.5~37.5				

计算过程：

试验者＿＿＿＿＿＿计算者＿＿＿＿＿＿校核者＿＿＿＿＿＿试验日期＿＿＿＿＿＿

引导问题6:如何完成粗集料磨耗试验?(洛杉矶法)

(1)试验准备

检查此次试验所需仪器设备是否齐全,见表3-24。

表3-24

仪 器 设 备	任务完成则划"√"
洛杉矶磨耗试验机	□
钢球	□
台称:感量5g	□
标准筛:符合要求的标准筛系列,以及筛孔为1.7mm的方孔筛	□
烘箱:能使温度控制在105℃ ±5℃范围内	□
容器:搪瓷盘等	□

(2)试验步骤

①将不同规格的集料用水冲洗干净,置烘箱中烘干至恒重。

②对所使用的集料,按表3-25选择最接近的粒级类别,确定相应的试验条件,按规定的粒级组成备料、筛分。其中水泥混凝土用集料宜采用A级粒度;沥青路面及各种基层、底基层的粗集料,应采用表中的16mm筛孔,也可用13.2mm筛孔代替。对非规格材料,应根据材料的实际粒度,从表3-25中选择最接近的粒级类别及试验条件。

粗集料洛杉矶试验条件

表3-25

粒度类别	粒级组成(方孔筛)(g)	试样质量(g)	试样总质量(g)	钢球数量(个)	钢球总质量(g)	转动次数(转)	适用的粗集料	
							规格	公称粒径(mm)
A	26.5~37.5 19.0~26.5 16.0~19.0 9.5~16.0	1 250±25 1 250±25 1 250±10 1 250±10	5 000±10	12	5 000±25	500		
B	19.0~26.5 16.0~19.0	2 500±10 2 500±10	5 000±10	11	4 850±25	500	S6 S7 S8	15~30 10~30 15~25
C	4.75~9.5 9.5~16.0	2 500±10 2 500±10	5 000±10	8	3 330±20	500	S9 S10 S11 S12	10~20 10~15 5~15 5~10
D	2.36~4.75	5 000±10	5 000±10	6	2 500±15	500	S13 S14	3~10 3~5
E	63~75 53~63 37.5~53	2 500±50 2 500±50 5 000±50	10 000±100	12	5 000±25	1 000	S1 S2	40~75 40~60
F	37.5~53 26.5~37.5	5 000±50 5 000±25	10 000±75	12	5 000±25	1 000	S3 S4	30~60 25~50
G	26.5~37.5 19~26.5	5 000±25 5 000±25	10 000±50	12	5 000±25	1 000	S5	20~40

注:1. 表中16mm也可用13.2mm代替。

2. A级适用于未筛碎石混合料。

3. C级中S12可全部采用4.75~9.5mm颗粒5 000g;S9及S10可全部采用9.5~16mm颗粒5 000g。

4. E级中S2中缺63~75mm颗粒时,可用53~63mm颗粒代替。

③分级称量(准确至5g),称取总质量(m_1),装入磨耗机的圆筒中。

④选择钢球,使钢球的数量及总质量符合表3-25的规定。将钢球加入钢筒中,盖好筒盖,紧固密封。

⑤将计数器调整到零位,设定要求的回转次数。对水泥混凝土集料,回转次数为500转;对沥青混合料集料,回转次数应符合表3-25的要求。开动磨耗机,以30~33r/min的转速转动至要求的回转次数为止。

⑥取出钢球,将经过磨耗后的试样从投料口倒入接受容器(搪瓷盘)中。

⑦将试样用1.7mm的方孔筛过筛,筛去试样中被撞击磨碎的细屑。

⑧用水冲干净留在筛上的碎石,置于105℃±5℃烘箱中烘干至恒重(通常不少于4h),准确称量(m_2)。

(3)结果整理与分析

按式(3-11)计算粗集料洛杉矶磨耗损失,准确至0.1%。

$$Q=\frac{m_1-m_2}{m_1}\times 100\% \tag{3-11}$$

式中:Q——洛杉矶磨耗损失,%;

m_1——装入圆筒中的试样质量,g;

m_2——试验后在1.7mm(方孔筛)或2mm(圆孔筛)筛上的洗净烘干的试样质量,g。

提示:

(1)试验报告应记录所使用的粒级类别和试验条件。

(2)粗集料的磨耗损失取两次平行试验结果的算术平均值为测定值,两次试验的差值不得大于2%,否则需重做试验。

粗集料磨耗试验记录表见表3-26。

粗集料磨耗试验记录表(洛杉矶法)　　表3-26

试样编号			试样产地		
试样名称			用途		
试验次数	装入圆筒中的试样质量 m_1(g)	磨耗后留在孔径1.7mm筛上的烘干试样质量 m_2(g)	磨耗率(%) $Q=\frac{m_1-m_2}{m_1}\times 100\%$		备注
			单值	测定值	
1					
2					
计算过程:					

试验者＿＿＿＿＿计算者＿＿＿＿＿校核者＿＿＿＿＿试验日期＿＿＿＿＿

任务二：水泥混凝土配合比设计及性能检测

（1）设计资料

①水泥：采用普通硅酸盐水泥 P.O 32.5R，其密度为 3.1g/cm^3，强度 R_c 由实验室提供。

②粗集料：采用砾石或碎石，最大粒径为 40mm，粗集料的级配、表观密度、振实密度等由学生在实验室自行收集。

③细集料：采用河砂或机制砂，其级配、表观密度、堆积密度、含水率等均由学生在实验室自行收集。

④水：自来水。

（2）设计要求

①设计的水泥混凝土配合比：房屋圈梁混凝土强度等级为 C25，桥梁墩柱混凝土强度等级为 C30。

②结构物内钢筋布置密度一般。

③施工方式：采用机械拌和、机械振捣的方式。

（3）设计计算内容及完成资料

①各小组同学独立完成砂、砾石材料性能分析。

②每位同学完成水泥混凝土初步配合比设计计算书（分别用体积法和假定密度法计算）。

③根据初步配合比计算混凝土试拌数量，并在实验室内进行试拌，实测水泥混凝土拌和物坍落度、毛体积密度；若坍落度不合格，现场调整配合比，直至合格。

④根据基准配合比进行强度复核，绘制关系曲线图。

⑤确定实验室配合比。

1. 学习准备

引导问题 1：对水泥混凝土拌和物，如何检测其技术性质是否符合要求？

（1）新拌混凝土的工作性包括__________、__________、__________、__________等四方面的含义。

（2）根据《公路工程水泥及水泥混凝土试验规程》（JTG E30—2005）的规定，混凝土工作性的测定方法有__________和__________两种方法。其中，集料粒径不大于 31.5mm，坍落度值大于 10mm 的新拌混凝土，宜采用__________法；干硬性混凝土的流动性宜采用__________法，单位是______。

引导问题 2：影响新拌混凝土拌和物工作性的主要因素是什么？

什么是水灰比？什么是砂率？

____

____

____

____

____

____

引导问题 3：硬化后水泥混凝土的力学性质如何？

（1）抗压强度及抗压强度标准值的区别是什么？混凝土强度等级和抗压强度标准值的关系是什么？

(2)水泥混凝土抗压强度标准试件尺寸是________________。

(3)影响混凝土强度的因素是什么？如何提高混凝土强度？

____

____

____

____

引导问题 4：根据相关数据，完成普通水泥混凝土配合比设计（以抗压强度为指标的计算方法）。

[设计资料]

(1)按桥梁设计图纸：水泥混凝土设计强度 $f_{cu,k}=40MPa$；混凝土置信度界限 $t=1.645$；水泥混凝土强度标准差 $\delta=6.0MPa$。工程位于干燥环境中。

(2)按预应力混凝土梁钢筋密集程度和现场施工机械设备，要求水泥混凝土拌和物的坍落度 $H=30\sim50mm$。

(3)可供选择的组成材料及性质。

①水泥：硅酸盐水泥 I 型，强度等级为 42.5 级，实测 28d 抗压强度为 48.5MPa，密度 $\rho_c=3\,100kg/m^3$。

②碎石：一级石灰岩轧制的碎石；最大粒径 $d_{max}=19mm$，表观密度 $\rho_c=2\,780kg/m^3$，现场含水率为 1.0%。

③砂：清洁河砂，属于中砂，表观密度 $\rho_c=2\,680kg/m^3$，现场含水率为 5.0%。

④水：饮用水，应符合水泥混凝土拌和水要求。

[设计要求]

(1)确定水泥混凝土配制强度，并选择适宜的组成材料。

(2)按我国国标中规定的现行方法计算初步配合比。

(3)通过实验室试样调整和强度试验，确定实验室配合比。

假设：

①经调整，需增加 2% 水泥浆混凝土拌和物，工作性满足要求，试确定基准配合比；

②根据混凝土 28d 抗压强度结果，配制强度对应水灰比为 0.44，试确定实验室配合比。

(4)按提供的现场材料含水率折算为工地配合比。

配合比计算过程：

拓展练习：根据任务所给设计资料及原材料技术指标，完成道路混凝土初步配合比设计（以抗弯拉强度为设计指标）。

[设计资料]

(1)某二级道路为水泥混凝土面层，设计抗弯拉强度标准值为4.5MPa；施工单位混凝土抗弯拉强度标准差 s 为0.5(样本数 $n=6$)，现场采用小型机具摊铺。

(2)要求施工坍落度为10～40mm。

(3)组成材料：

①水泥：32.5级普通硅酸盐水泥，实测28d抗弯拉强度为________ MPa，密度 $\rho_c=3\,150$ kg/m^3。

②碎石：一级石灰岩轧制的碎石；最大粒径 $d_{max}=37.5$mm，表观密度 $\rho_c=$ ____________ kg/m^3；振实密度 $\rho_{gh}=$ ________ kg/m^3。

③砂：清洁河砂，表观密度=______________；细度模数为__________，属于______砂。

④水：饮用水，应符合水泥混凝土拌和水要求。

(4)耐久性要求：混凝土的最大水灰比为0.48；最大单位用水量为150kg/m^3；最小单位水泥用量为305kg/m^3。

[设计要求]

计算该路面混凝土的初步配合比：

2. 计划与实施

1）试验方案选择

引导问题：根据《公路工程水泥及水泥混凝土试验规程》（JTG E30—2005）选择合适的试验方法进行混凝土试件制作及工作性检测，确定基准配合比。

（1）设计条件（表3-27）

设 计 条 件 表3-27

混凝土使用部位		石子最大粒径（mm）	
混凝土设计强度等级 f_r		石子振实密度（kg/m^3）	
捣实方式		石子表观密度（g/cm^3）	
设计坍落度（mm）		石子空隙率（%）	
水泥品种及强度等级		砂的堆积密度（g/cm^3）	
水泥实测强度		砂的表观密度（g/cm^3）	
石子类别		砂的类别	

（2）初步配合比及每立方米混凝土中各材料用量（表3-28）

表3-28

混凝土配制强度 R_h（Mpa）	水泥用量 C_0（kg）
水灰比 W/C	砂用量 S_0（kg）
质量比（水泥:砂:石:水）	石子用量 G_0（kg）
用水量 W_0（kg）	每立方米混凝土计算密度 $\rho_h = C_0 + S_0 + G_0 + W_0$（$kg/m^3$）

2）试验操作

引导问题1：如何完成水泥混凝土试件制作及拌和物坍落度与毛体积密度测定？

（1）试验准备

检查此次试验所需仪器设备是否齐全，见表3-29。

表3-29

仪 器 设 备	任务完成则画“√”
试模（规格150mm×150mm×150mm，150mm×150mm×550mm）	□
磅秤	□
容积筒（5L）	□
捣棒（ϕ16mm，长650mm）	□
坍落筒	□
振动台	□
钢板、铁锹、小铲、小钢尺、镘刀	□

（2）试验准备

①按设计的配合比及试拌数量，计算各材料用量。

②称取各材料用量。

③将拌和钢板、拌和铲等工具润湿。

④试拌混凝土。人工拌和时，先用湿布将铁板、铁铲润湿，再将称好的砂和水泥在铁板上拌匀，加入石子，再一起拌和均匀，而后将此拌和物堆成长堆，中心扒成长槽，将称好的水倒入

约一半，将其与拌和物仔细拌匀，再将材料堆成长堆，扒成长槽，倒入剩余的水，继续进行拌和，来回翻拌至少6遍。从加水完毕时起，拌和时间见表3-30。

拌和时间表 表3-30

混凝土拌和物体积(L)	拌和时间(min)	混凝土拌和物体积(L)	拌和时间(min)
<30	4~5	51~75	9~12
31~50	5~9		

(3)新拌混凝土拌和物坍落度测定

①将坍落筒内外洗净，放在经水润湿过的钢板上，踏紧踏脚板。

②将代表样分三层装入筒内，每层装入高度稍大于筒高的1/3，用捣棒在每层的横截面上均匀插捣25次，插捣在全部面积上进行，沿螺旋线边缘至中心，插捣底层时插至底部，插捣其他两层时，应插透本层并插入下层约20~30mm，插捣须垂直压下，不得冲击，装完后将表面抹平。

③刮净筒底周围的拌和物，立即垂直地提起坍落筒，提筒在5~10s内完成，并将其放在锥体混凝土试样一旁，筒顶平放木尺，用小钢尺量出木尺底面至试样顶面中心的垂直距离即为该混凝土拌和物的坍落度，以mm计。

④用目测的方法评定混凝土拌和物的砂率、黏聚性和保水性。

(4)混凝土混合物毛体积密度测定

①试验前，用湿布将容积筒内外擦拭干净，称其质量m_1。

②如用振动台振实时，一次将拌和物装满容积筒，立即开始振动，直至拌和物出现水泥浆为止。

③用直尺刮去多余的混凝土，用镘刀抹平表面，擦净容积筒外壁，称取质量m_2。

(5)混凝土试件制作

①校紧试模螺栓，在试模内壁涂抹一薄层矿物油脂。

②将坍落度测定合格的混凝土拌和物装入试模内，将试模放在振动台上，边振动边添料，直至混凝土表面出现乳状水泥浆为止，振动时间一般不超过90s。振动结束后，将试模上多余的混凝土刮去，用镘刀将试件表面初次抹平，待试件收浆后，再次用镘刀将试件表面仔细抹平。在室温(20±5)℃，相对湿度大于50%的条件下，静置1~2昼夜后拆模、编号后，随即进行标准养护。标准养护温度为(20±3)℃，相对湿度在90%以上，养护到规定龄期再进行力学试验。

(6)结果整理与分析

水泥混凝土拌和物毛体积密度ρ_h的计算，精确至0.001kg/L。

$$\rho_h = \frac{m_2 - m_1}{V} \tag{3-12}$$

式中：ρ_h——拌和物毛体积密度，kg/L；

m_1——容积筒质量，kg；

m_2——捣实或振实后混凝土和容积筒总质量，kg；

V——容积筒容积，L。

水泥混凝土试拌及和易性试验记录表、拌和物毛体积密度试验记录表见表3-31和表3-32。

提示：

(1)混凝土拌和物毛体积密度取两次试验结果的算术平均值为测定值。

(2)测混凝土拌和物坍落度时，从开始装筒至提起坍落度筒的全过程不应超过2.5min。若用加大坍落度筒量测时，应乘以系数0.67，以换算为标准坍落度筒之坍落度。

(3)拌和物毛体积密度测定所用容积筒的容积应经常校正，其校正方法参照粗集料堆积密度及空隙率试验的校正方法。

(4)坍落度只能表示塑性混凝土混合料的工作性，对于低流动性和干硬性混凝土混合物工作性的测定，应采用维勃稠度法。

试拌及和易性试验记录表 表3-31

试　拌			调整后拌和		
试拌数量(m^3)			重拌数量(m^3)		
水泥用量(kg)			水泥用量(kg)		
砂用量(kg)			砂用量(kg)		
石子用量(kg)			石子用量(kg)		
计算用水量(kg)			实际用水量(kg)		
实测坍落度(mm)			重测坍落度(mm)		
和易性观察	砂率		和易性观察	砂率	
	黏聚性			黏聚性	
	保水性			保水性	
备注	砂率按多、中、少评定；黏聚性按良好、不好评定；保水性按多量、少量、无评定				

混凝土拌和物毛体积密度试验记录表 表3-32

试验次数	容积筒容积 V(L)	容积筒质量 m_1(kg)	容积筒与拌和物总质量 m_2(kg)	混凝土拌和物毛体积密度 ρ_h(kg/L)	
				单值	平均值
1	2	3	4	5	6
2					
3					

试验者______计算者______校核者______试验日期______

根据试验结果，确定基准配合比为水泥: 水: 细集料: 粗集料 = ______

引导问题2：根据基准配合比，检验强度，确定实验室配合比

(1)以基准配合比为准，采用3组不同的配合比成型试件。其中一组是基准配合比，另两组水灰比分别增加及减少0.05，用水量与基准配合比相同，砂率可分别增加或减少1%。

(2)分别测定3组试件28d抗压强度，绘制出“强度—水灰比”关系图，确定为达到配制强度所必需的水灰比值。

引导问题3：如何完成水泥混凝土抗压、抗折、劈裂抗拉强度测定？

(1)试验准备

检查此次试验所需仪器设备是否齐全，见表3-33。

表 3-33

仪 器 设 备	任务完成则画"√"	仪 器 设 备	任务完成则画"√"
万能试验机	□	三合板垫层(或纤维板垫层)	□
劈裂钢垫条	□		

(2)试验步骤

①抗压强度试验:

a. 从养护室取出试件,先检查其尺寸及形状,相对两面应平行,表面倾斜偏差不得超过0.5mm。量出棱边长度,精确至1mm。试件受力截面积按其与压力机上下接触面的平均值计算。试件如有蜂窝缺陷,应在试验前3天用浓水泥浆填补平整,并在报告中说明。在破型前,保持试件原有湿度,在试验时,擦干试件。

b. 以成型时侧面为上下受压面,将试件放在球座上,球座置于压力机中心,几何对中侧面受载。

c. 加荷:混凝土强度等级小于C30的混凝土取0.3~0.5MPa/s的加荷速度;强度等级不低于C30时则取0.5~0.8MPa/s的加荷速度。当试件接近破坏而开始迅速变形时,应停止调整试验机油门,直至试件破坏,记下破坏极限荷载。

②抗折(抗弯拉)强度试验:

a. 从养护室取出并检查试件,如试件中部1/3长度内有蜂窝,则该试件应立即作废。

b. 在试件中部量出其宽度和高度,精确至1mm。

c. 安放试件,支点距试件端部各50m,侧面受载。

d. 加荷:加载方式为三分点双点加荷,加荷速度为0.5~0.7MPa/s,直至试件破坏,记下破坏极限荷载。

③劈裂抗拉强度试验:

a. 从养护室取出并检查试件。

b. 量测试件尺寸,精确至1mm。

c. 安放试件,几何对中,放妥垫层垫条,其方向与试件成型时顶面垂直。

d. 加荷:混凝土强度等级低于C30时,以0.02~0.05MPa/s的速度连续而均匀地加荷,当混凝土强度等级不低于C30时,以0.05~0.08MPa/s的速度加荷,直至试件破坏,记下破坏极限荷载,准确至0.01kN。

(3)结果整理与分析

①混凝土立方体抗压强度R按式(3-13)计算,精确至0.1MPa。

$$R = \frac{P}{A} \tag{3-13}$$

式中:R——混凝土抗压强度,MPa;

P——试件破坏极限荷载,N;

A——受压面积,mm^2。

②混凝土抗折(抗弯拉)强度R_b,精确至0.01MPa。

a. 当断面在两个加荷点之间时,抗折(抗弯拉)强度R_b按式(3-14)计算:

$$R_b = \frac{PL}{bh^2} \tag{3-14}$$

式中:R_b——混凝土抗折(抗弯拉)强度,MPa;

P——试件破坏极限荷载,N;

L——支座间距离,$L = 450$mm;

b——试件宽度,mm;

h——试件高度,mm。

b.若断面位于加荷点外侧,则该试件之结果无效;如有两根试件之结果无效,则该组结果作废。

③混凝土劈裂抗拉强度 R_t 按式(3-15)计算,精确至0.01MPa。

$$R_t = \frac{2P}{\pi A} \tag{3-15}$$

式中:R_t——混凝土劈裂抗拉强度,MPa;

P——试件破坏极限荷载,N;

A——试件劈裂面面积,mm^2。

④强度测定值异常数据取舍原则:适用于混凝土抗压、抗折、劈裂抗拉强度的原则。

a.一般情况下,以3个试件测定值的算术平均值作为测定值。

b.如任一个测值与中值之差超过中值的15%时,则取中值为测定值;如有两个测值与中值之差均超过上述规定时,则该组试验结果无效。

⑤将非标准尺寸试件的强度换算成标准尺寸试件的强度换算系数,见表3-34~表3-36。劈裂抗拉强度值若需换算为轴心抗拉强度,应乘以换算系数0.9。

抗压强度换算系数 表3-34

试件尺寸(mm)	100×100×100	150×150×150	200×200×200
换算系数	0.95	1.00	1.05

抗折(抗弯拉)强度换算系数 表3-35

试件尺寸(mm)	100×100×400	150×150×550
换算系数	0.85	1.00

劈裂抗拉强度换算系数 表3-36

试件尺寸(mm)	100×100×100	150×150×150
换算系数	0.85	1.00

提示:

(1)当试件接近破坏时,应停止调整油门,直至试件破坏。

(2)试件受力面均为其侧面。

抗压强度、抗折(抗弯拉)强度、劈裂抗拉强度试验记录表分别见表3-37~表3-39。

混凝土抗压强度试验记录表 表3-37

试件编号	制件日期	试验日期	龄期(d)	试件尺寸(mm)			受压面积 A(mm²)	极限荷载 P(kN)	抗压强度 R'(MPa)	换算系数 K	折算标准试件抗压强度 $R = R' \times K$(MPa)	
				长 a	宽 b	高 h					单值	测定值

混凝土抗折(抗弯拉)强度试验记录表 表 3-38

加荷方式:________________

试件编号	制件日期	试验日期	龄期(d)	试件尺寸(mm)			支座间距 L(mm)	极限荷载 P(kN)	抗折强度 R_b'(MPa)	换算系数 K	折算标准试件抗折强度 $R_b = R_b' \times K$(MPa)	
				长 a	宽 b	高 h					单值	测定值

混凝土劈裂抗拉强度试验记录表 表 3-39

试件编号	制件日期	试验日期	龄期(d)	试件尺寸(mm)			劈裂面积 A(mm^2)	极限荷载 P(kN)	劈裂抗拉强度 R_t'(MPa)	换算系数 K	折算轴心抗拉强度 $R_t = R_t' \times K \times 0.9$(MPa)	
				长 a	宽 b	高 h					单值	测定值

计算过程:

试验者________ 计算者________ 校核者________ 试验日期________

引导问题 4:根据强度检验结果修正配合比,得到实验室配合比。

请同学们在图 3-3 中作抗压强度和水灰比的关系曲线,从而得到配制强度对应的灰水比是______________________________。

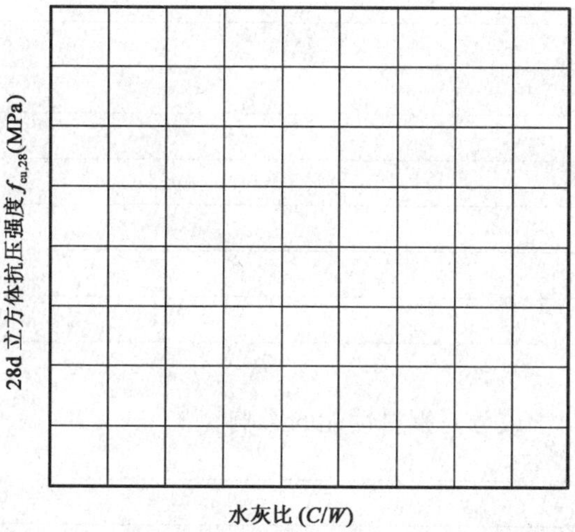

28d 立方体抗压强度 $f_{cu,28}$(MPa)

水灰比 (*C/W*)

图 3-3　抗压强度—水灰比关系图

计算实验室配合比:

引导问题 5:根据工地原材料含水率,计算施工配合比。

拓展问题:如何实现水泥混凝土的质量控制?

____

____

____

____

____

____

任务三:钢材的性能检测

1. 学习准备

引导问题1:对建筑用钢材,主要检测哪些技术性能?

引导问题2:描述各化学成分对钢材性能的影响。

引导问题3:钢筋混凝土结构常用的钢材有哪些?分别适用于什么条件?

引导问题4:桥梁建筑用普通低合金钢的特点是什么?其牌号及编号如何确定?

2. 计划与实施

1)试验方案选择

引导问题:根据《金属弯曲试验方法》(GB/T 232—1999)及《钢筋焊接接头试验方法标准》(JTJ/T 27—2001)选择合适的试验方法对钢材进行检测。

2)试验操作

引导问题1:如何完成钢筋的冷弯试验?

(1)试验准备

检查此次试验所需仪器设备是否齐全,见表3-40。

表3-40

仪 器 设 备	任务完成则画"√"
万能机:附有冷弯支座和弯心,支座和弯心顶端圆柱应有一定的硬度,以免受压变形;亦可采用特制冷弯试验机	□

(2)试件制备

①直径为 d 之圆钢,边长为 a 之方钢,或宽度小于100mm、厚度为 a 之钢板,试件长度 $l=(5a+150)$mm,宽度为 $b=2a$,并且 b 不小于10mm。

②其他制品及材料厚度大于30mm者,按技术条件特别规定。

③试件可由试样两端或端部截取,切割线与试件实际边距离不得小于10mm。试样中间1/3范围内不准有凿冲等工具刻痕或压痕。

④试件应在常温下切割,可用车床、铣床或锯进行加工,但加工时应防止高热,棱边必须锉圆(圆的半径不小于2mm)。

⑤如必须采用有弯曲试样时,应用均匀压力将其压平。

(3)试验步骤

①试验前,测量试样尺寸是否合格。

②选择适当的弯心直径 d,按图3-4所示装置,支座之净距为 $L=d+2.1a$。

③上升支座使弯心与试样接触,而后均匀加压直至规定之角度,如图3-5所示。

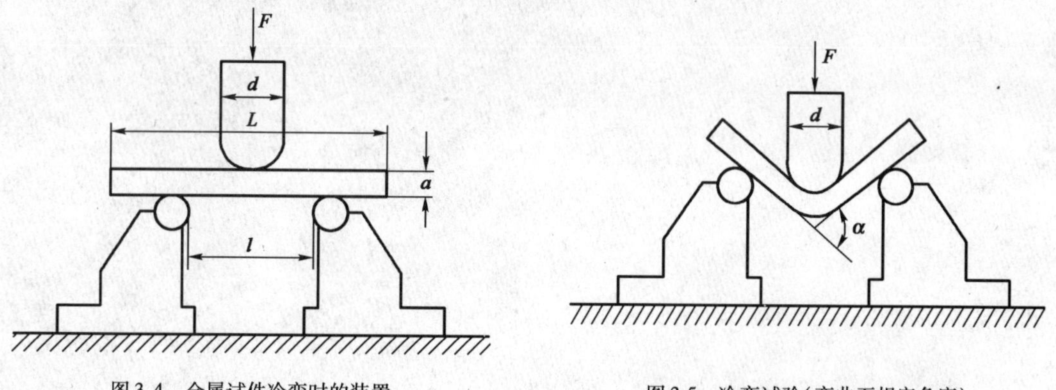

图3-4 金属试件冷弯时的装置

图3-5 冷弯试验(弯曲至规定角度)

④如要弯成两臂平行,可一次绕弯心弯成,亦可用衬垫[图3-6a)]进行试验。

⑤如需压成两臂接触,可先弯成两臂平行,而后取出,改放在压力机上压至试件两面两臂接触为止,如图3-6b)所示。

⑥压至规定条件后,检查试件弯曲处外部有无裂纹、起层分化或断裂等情况。

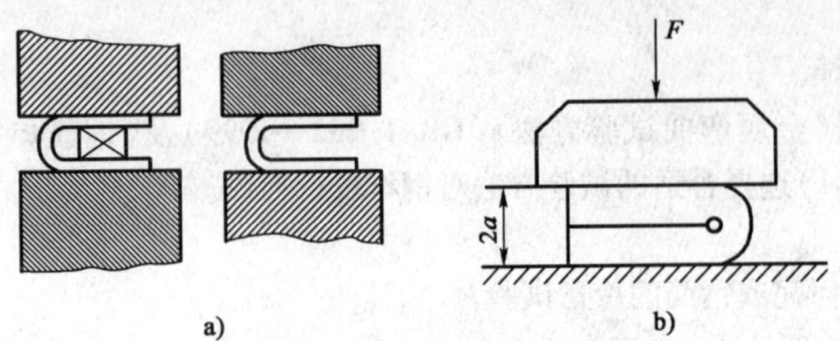

图 3-6 冷弯试验

a)弯至两臂平行;b)弯至两臂接触复合

(4)结果整理与分析

提示:

(1)按相关标准的要求评定弯曲试验结果。

(2)如有规定的具体要求,弯曲试验后,试样弯曲表面上肉眼可见裂纹应评定为合格。

建筑钢材冷弯试验记录表见表 3-41。

建筑钢材冷弯试验记录表 表 3-41

<table>
<tr><td>试样编号</td><td colspan="3"></td><td>试样来源</td><td colspan="3"></td></tr>
<tr><td>试样名称</td><td colspan="3"></td><td>拟作用途</td><td colspan="3"></td></tr>
<tr><td rowspan="2">试验次数</td><td colspan="3">试件尺寸(mm)</td><td rowspan="2">弯心直径 d
(mm)</td><td rowspan="2">跨度 L
(mm)</td><td rowspan="2">弯折角度
α(°)</td><td rowspan="2">试验结果</td></tr>
<tr><td>宽 b</td><td>厚 a</td><td>长 L</td></tr>
<tr><td>1</td><td></td><td></td><td></td><td></td><td></td><td></td><td></td></tr>
<tr><td>2</td><td></td><td></td><td></td><td></td><td></td><td></td><td></td></tr>
<tr><td>3</td><td></td><td></td><td></td><td></td><td></td><td></td><td></td></tr>
<tr><td colspan="8">计算过程:</td></tr>
</table>

试验者________计算者________校核者________试验日期________

引导问题2：如何完成钢筋焊接接头的拉伸试验？

(1)试验准备

检查此次试验所需仪器设备是否齐全，见表3-42。

表3-42

仪器设备	任务完成则画"√"
万能材料试验机	□
游标卡尺、引伸计	□

(2)试样制备

①在每批钢筋中任取两根，在距钢筋端部50cm处各取一根试样。

②试验前，先将材料制成一定形状的标准试样，如图3-7所示。试样一般应不经切削加工。受拉力机吨位的限制：直径为22～40mm的钢筋可进行切削加工，制成直径(标距部分直径d_0)为20mm的标准试样。试样长度：拉伸试样短试件为$(5d_0+200)$mm，长试件为$(10d_0+200)$mm。当试样直径$d_0=10$mm时，其标距长度$l_0=200$mm(长试样δ_{10})或100mm(短试样，δ_5)；标距部分到头部的过渡必须缓和，其圆弧尺寸R最小为5mm；$l=230$mm(长试样)或130mm(短试样)；$h=50\sim70$mm。

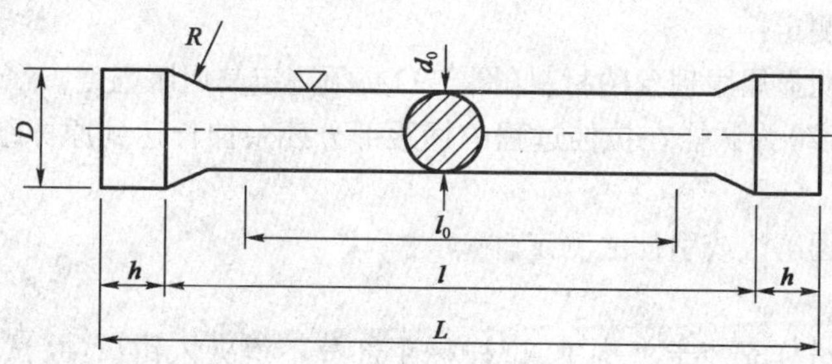

图3-7 拉伸试验标准试件

③标距部分直径d_0的允许偏差为不大于±0.2mm；标距部分长度l_0的允许偏差为不大于±0.1mm；试样标距长度内最大直径与最小直径的允许偏差为0.05mm。

④根据试样的横截面积，确定试样的标距长度。然后在标距的两端用不深的冲眼刻画出标志，并按试样标距长度，每隔5～10mm作一分格标志，以便计算试样的伸长率时用。

⑤确定未经切削的试样截面面积A(mm²)。应按式(3-16)求得：

$$A_0=\frac{1\,000Q}{7.85l} \tag{3-16}$$

式中：Q——钢筋的质量，g；

l——钢筋的长度，mm。

(3)试验步骤

将试样安置在万能试验机的夹头中，试样应对准夹头的中心，试样轴线应绝对垂直，然后进行拉伸试验，测定试样的屈服点(有明显屈服现象的材料)、屈服强度(没有明显屈服现象的材料)、抗拉强度和伸长率。

①屈服点的测定：

a.测定屈服点时，在向试样连续而均匀地施加负荷的过程中，在液压式试验机上，当负荷指示器上的指针停止转动或开始回转(在杠杆式试验机上，杠杆平衡或开始明显下落)时，最大或最小负荷读数，即为屈服负荷 F_s 值。

b. 屈服点也可以从试验机自动记录的负荷—伸长曲线上确定。屈服负荷系位于曲线上的一点，该点相当于负荷不变而试验继续伸长时之平台[图 3-8a)]，或负荷开始下降而试样继续伸长时之最高或最低点[图 3-8b)]，但此时曲线图纵坐标每 1mm 长度所代表的应力不得大于 10MPa。

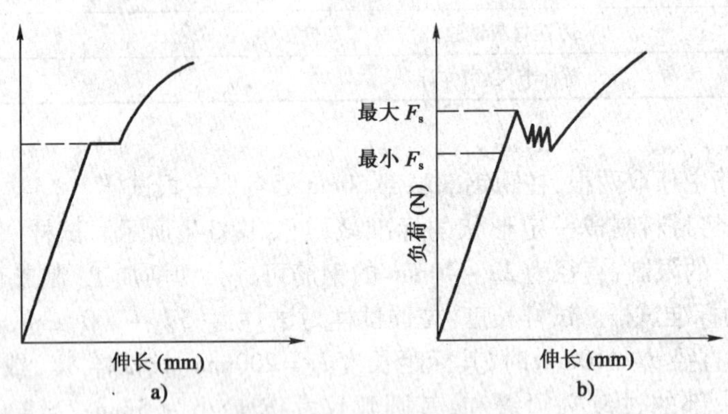

图 3-8　负荷—伸长曲线上屈服点的确定示意图

②屈服强度的测定：

对拉伸曲线无明显屈服现象的材料(图 3-9)必须测定其屈服强度。

屈服强度 f_y(0.2)为试样在拉伸过程中标距部分残余伸长达到原标距长度的 0.2% 时的应力。

屈服强度可用图解法或引伸法测定。

a. 图解法：

a)将制备好的试样安装于夹头中，试样标距部分不得夹入钳口中，试样被夹长部分不应小于钳口的 2/3。

b)试样被夹紧后，把自动绘图装置或电子引伸计调整好，使其处于工作状态；然后向试样连续均匀而无冲击地施加荷载，此时自动记录装置或电子引伸计绘出拉伸曲线。达到规定的要求时，停止试验，卸去试样，关闭机器。

c)在自动记录装置(配合电子引伸计)绘出的或根据在荷载下活动夹头移动距离或根据从测力度盘与示值引伸计读得的荷载与伸长值而绘出的拉伸曲线(图3-10)上，自初始弹性直线

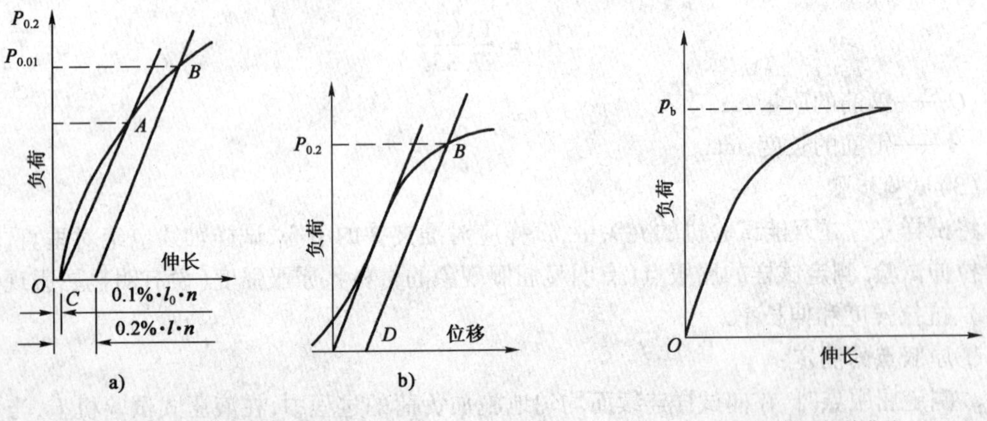

图 3-9　无屈服平台的应力应变曲线

图 3-10　拉伸曲线

段与横坐标轴的交点 O 起截取一等于规定残余伸长的距离 OD,再从 D 点作平行于弹性直线段的 DB 线交拉伸曲线于 B 点,对应于此点的荷载即为所求规定残余伸长应力荷载 $F_{0.2}$。此时,对于上述两种曲线应分别在引伸计基础长度 l_0 及试件平行长度 l 上求得规定残余伸长。前一种曲线的伸长放大倍数应不低于 50 倍,后者的夹头位移放大倍数可适当放低。而荷载坐标轴每毫米所代表的应力不得大于 10MPa。

b. 引伸计法:

将试样固定在夹头内,施加约相当于屈服强度 10% 的初负荷 F_0,安装引伸计。继续施荷至 $2F_0$;保持 5 ~ 10s 后再卸荷至 F_0,记下引伸计读数作为条件零点。以后按如下两种方法往复加、卸荷(卸荷至 F_0)或连续施荷,直至实测或计算的残余伸长等于或大于规定残余伸长为止。

卸荷法:从 F_0 起第一次负荷加至使试样在引伸计基础长度内的部分所产生的总伸长 $0.2\% \cdot l_e \cdot n = (1 \sim 2)$ 分格。式中,l_e 为规定残余伸长,n 为弹性伸长。在引伸计上读出首次卸荷至 F_0 时的残余伸长,以后每次加荷应使试样产生的总伸长为前一次总伸长加上规定残余伸长与该次残余伸长(卸荷至 F_0)之差,再加上 1 ~ 2 分格的弹性伸长增量。

直接加荷法:从 F_0 起按测定 f_{y0} 所述方法逐级施荷,求出弹性直线段相应于小等级负荷的平均伸长增量,由此计算出偏离直线段后的各级负荷的弹性伸长。从总伸长中减去弹性伸长即为残余伸长。

③抗拉强度的测定:

a. 将试样安置在拉力机上,连续施加负荷到拉断为止,此时从负荷指示器上读出的最大负荷即为抗拉强度的负荷 F_b。

b. 试样拉断后标距长度 l_1 的测量。将试样拉断后的两段在拉断处紧密对接起来,尽量使其轴线位于一条直线上。如接断处由于各种原因形成缝隙,则此缝隙应计入试样拉断后的标距部分长度内。l_1 用下述方法之一测定。

直测法:如拉断处到邻近标距端点的距离大于 $1/3l_0$ 时,可直接测量两端点间的距离。

移位法:如拉断处到邻近标距端点的距离小于或等于 $1/3l_0$ 时,则可按下法确定 l_1。

在长段上从拉断处 O 取基本等于短端格数,得 B 点,接着取等于长段所余格数(偶数,如图 3-11a)所示)之半,得 C 点;或者取所余格数(奇数,如图 3-11b)所示)减 1 或加 1 之半,得 C 或 C_1 点,移位后的 l_1 分别为 $AO + OB + 2BC$ 或者 $AO + OB + BC + BC_1$。

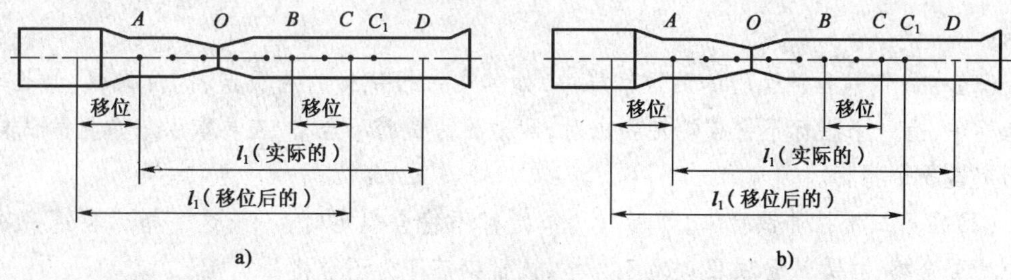

图 3-11 试样拉断后的标距长度测量图示

④如试样裂断处与其头部(或夹头处)的距离等于或小于试样直径的两倍时,则试验无效。

(4)结果整理与分析

①屈服点:

$$f_y = \frac{F_s}{A_0} \tag{3-17}$$

式中:F_s——相当于所求应力的负荷,N;

A_0——试样的原横截面面积,mm^2;

f_y——屈服强度,MPa,计算精确度应达到5MPa。

②硬钢和线材的屈服点:

$$f_y(0.2) = \frac{F_{0.2}}{A_0}$$

式中:$f_y(0.2)$——相当于所求应力的负荷,N;

A_0——试样的原横截面面积,mm^2;

$F_{0.2}$——硬钢和线材的屈服点,MPa,计算精度与f_y相同。

③抗拉强度:

$$f_u = \frac{F_b}{A_0}$$

式中:F_b——试样拉断前的最大负荷,N;

A_0——试样的原横截面面积,mm^2;

f_u——试样的抗拉强度,MPa,计算精度与f_y相同。

④伸长率:

$$\delta_n = \frac{l_1 - l_0}{l_0} \times 100\%$$

式中:l_1——试样拉断后标距部分的长度,mm;

l_0——试样的原标距的长度,mm;

n——长试样及短试样的标志,长试样$n=10$,伸长率为δ_5;

δ_n——试样的伸长率,计算精度应达到0.5%。

提示:

(1)在做钢筋拉伸试验的两根试样中,如其中一根试样的屈服点、抗拉强度、伸长率3个指标中,有一个指标不符合规定要求时,即为拉力试验不合格,应再取双倍数量的试样重新测定这3个指标。

(2)在第二次拉伸试验中,如仍有一个指标不符合规定时,不论这个指标在第一次试验中是否合格,拉力试验项目也为不合格,该批钢筋即为不合格品。

钢筋拉伸试验记录表见表3-43。

钢筋拉伸试验记录表

表 3-43

试样编号		试样来源	
试样名称		初拟用途	

试验次数	试件尺寸							伸长率 δ_n（%）	断面收缩率 ψ（%）
	试样长度 l(mm)	试样原标距部分长度 l_0（mm）	试样原标距部分直径 d_0（mm）	试样的原横截面面积 A_0（mm）	试样拉断后标距部分长度 l_1（mm）	试样拉断后标距部分直径 d_1（mm）	试样裂断处的横截面面积 A_1（mm^2）		
	①	②	③	④	⑤	⑥	⑦	⑧ = [⑤ - ②]/③	⑨ = [④ - ⑦]/④
1									
2									

试验次数	屈服点（有明显屈服现象）			屈服强度（没有明显屈服现象）								抗拉强度	
	屈服负荷 F_s(N)			图解法	引伸计法								
	由指针读数确定	由拉伸曲线确定	屈服点 $f_y(0.2)$（MPa）	规定残余伸长应力荷载 $f_{0.2}$（N）	引伸计基础长度 l_e（mm）	预期屈服强度 $F'_y(0.2)$（MPa）	初负荷 F_0（N）	条件零点 K（分格）	规定残余伸长	达规定残余伸长时负荷 $F_y(0.2)$（N）	屈服强度 $f_y(0.2)$（MPa）	试样拉断时指针读数 F_b（N）	抗拉强度 f_u（MPa）
	⑩	⑪	⑫	⑬	⑭	⑮	⑯	⑰	⑱	⑲	⑳ = ⑲/④	㉑	㉒ = ㉑/④
1													
2													

计算过程：

试验者＿＿＿＿＿＿计算者＿＿＿＿＿＿校核者＿＿＿＿＿＿试验日期＿＿＿＿＿＿

(三)评价与反馈

(1)结果分析及学习评价

若有不满足要求的原材料,指出该材料哪项指标不符合要求。

请提出相应的解决方法:

在完成任务的过程当中,最大的困难是什么?

你认为还需加强哪方面的指导(试验操作及理论知识)?

(2)学习工作过程评价表(表3-44)

任务评分表

表3-44

考核项目	分数			学生自评	小组互评	教师评价	小计
	差	中	好				
团队合作精神	1	3	5				
活动参与是否积极	1	3	5				
操作过程是否正确规范	5	15	25				
工具、设备使用是否规范	1	3	5				
试验结果计算是否正确	2	6	10				
劳动纪律	1	3	5				
试验记录表填写是否完整、清晰	1	3	5				
总分	60						
教师签字:	年	月	日			得分	

学习任务四　沥青混合料材料性能检测

一、任 务 描 述

由于沥青混凝土路面具有许多其他建筑材料无法比拟的优越性，其被广泛应用于高等级公路的路面中。它主要是由石子、砂、矿粉及沥青组成。本次的学习任务是针对具体的工程设计资料，完成相关的原材料的试验检测、沥青混合料的配合比设计及根据设计结果配制沥青混合料，并对其进行性能检测等。

二、学 习 目 标

(1)能辨别常用沥青材料的种类并阐述其适用范围；

(2)描述沥青胶体结构类型及特点；

(3)分析沥青强度形成原理；

(4)描述沥青材料的各项技术性质、测定方法及工程意义；

(5)描述沥青混合料的结构类型及特点；

(6)描述沥青混合料的各项技术指标的定义、测定方法及工程意义；

(7)按照试验规程，正确使用仪器、设备等进行沥青及沥青混合料各项技术指标的测定；

(8)完成沥青混合料的配合比设计；

(9)根据试验数据，分析判断原材料性能是否满足工程要求，如不满足要求，可根据设计要求选择合格的材料；

(10)正确填写实验报告。

三、内容结构(图4-1)

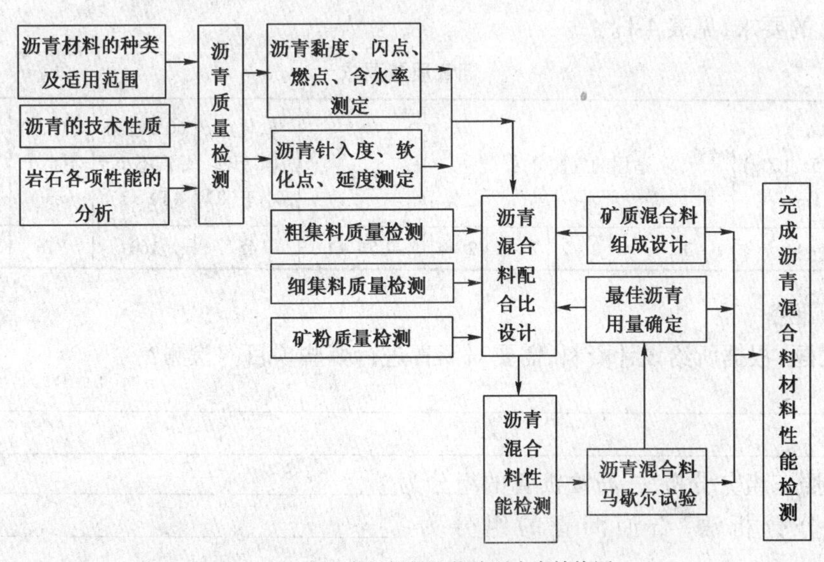

图4-1　沥青混合料材料性能检测内容结构图

四、任 务 实 施

（一）项目引入

某道路设计采用沥青混凝土面层，设计路面结构采用上面层为 4cm（AC-16 型）中粒式沥青混凝土（碎石采用玄武岩），路区气候条件：最高月平均气温为 23℃，最低月平均气温为 -3℃，年降水量平均为 794 ~ 924mm。

各材料及主要技术指标如下：

（1）沥青采用进口沥青，标号 AH-70，其技术指标应符合《公路沥青路面施工技术规范》（JTG F40—2004）的要求。

（2）粗集料采用反击式破碎机加工的碎石，玄武岩碎石的洛杉矶磨耗率≤30%，压碎值≤28%，磨光值≥42（仅指上面层），视密度≥2.5t/m^3，吸水率 <2%。

（3）细集料优先采用优质机制砂，视密度≥2.5t/m^3，砂当量≥60%，小于 0.075mm 的含量 <3%，通过 0.5mm 筛孔以下颗粒部分无塑性指数。

（4）填料（砂粉）：采用石灰石等碱性岩面磨制的新鲜石粉，并不含泥土、杂物和结块的颗粒。矿粉中小于 0.075mm 颗粒的含量≥75%（以质量计），亲水系数和 <1，含水率 <1%，塑性指数 <2，视密度 >2.5t/m^3。

（5）沥青混合料：混合料的组成设计和热稳性、水稳性按《公路沥青路面施工技术规范》（JTG F40 - 2004）热拌沥青混合料配合比设计方法确定。马歇尔试验结果应符合 JTG F40 - 2004 的要求。水稳性应符合以下要求：采用"沥青混合料马歇尔稳定度试验"方法测定的 48h 浸水马歇尔稳定度试验残留稳定度不得小于 80%。混合料水稳性达不到要求时，应采取抗剥落措施。如采用抗剥落剂，应严格按《公路工程沥青及沥青混合料试验规程》（JTJ 052—2000）中 T 0663—2000 方法对沥青抗剥落性能进行评价。

（二）任务分解

任务一：沥青质量检测

沥青采用进口沥青，标号 AH-70，其技术指标符合《公路沥青路面施工技术规范》（JTG-F40—2004）的要求，见表 4-1。

沥青质量要求 表 4-1

指 标	针入度（25℃，5s，100g）（0.1mm）	适用的气候分区					针入度指数	软化点（R&B）不小于（℃）	60℃动力黏度不小于（Pa·s）	15℃延度不小于（cm）	蜡含量（蒸馏法）不大于（%）	闪点不小于（℃）
数值	60 ~ 80	1 - 3	1 - 4	2 - 2	2 - 3	2 - 4	-1.5 ~ +1.0	45	160	40	2.2	260

1. 学习准备

引导问题：根据所给设计资料，需要对沥青进行哪些项目的检测？

____

____

（1）按照三组分分析法，石油沥青的组分为________、________、________。按照四组分分析法，石油沥青的组分为________、________、________、________。

(2)试简述石油沥青的主要组分与技术性质之间的关系。

____

____

____

(3)简述沥青中的含蜡量对沥青性质的影响。

____

____

____

(4)石油沥青可划分为哪几种胶体结构？其各自的特点是什么？道路沥青应选择哪个胶体结构类型？

____

____

____

(5)假设某沥青的针入度指数 PI = 1.5,这种沥青胶体结构类型为________。

2.计划与实施

1)试验方案选择

引导问题:根据《公路工程沥青及沥青混合料试验规程》(JTJ 052—2000)选择合适的试验方法对沥青进行检测。

①沥青黏度的指标包括________、________,分别采用________、________进行检测。

②表征沥青塑性的指标是________,用________测定。

③沥青温度稳定性采用________进行测定。

2)试验操作

引导问题1:如何完成沥青针入度的测定？

(1)试验准备

检查此次试验所需仪器设备是否齐全,见表4-2。

表4-2

仪器设备	任务完成则画"√"
针入度仪	□
标准针	□
盛样皿(根据针入度不同选择大或小盛样皿)	□
恒温水槽	□
电炉或砂浴	□
溶剂(三氯乙烯)	□
平底玻璃皿、温度计、秒表、石棉网等	□

(2)准备工作

①按规定的方法将试样脱水、过筛(0.6mm)。

②按试验要求,将恒温水槽调节到要求的试验温度,保持稳定。

③将准备好的沥青试样注入盛样皿中,试样高度应超过预计针入度值10mm,并盖上盛样皿。

④盛有试样的盛样皿在15～30℃室温中冷却1～1.5h(小盛样皿)、1.5～2h(大盛样皿)或2～2.5h(特殊盛样皿)后,移入保持试验温度±0.1℃的恒温水槽中1～1.5h(小盛样皿)、1.5～2h(大盛样皿)或2～2.5h(特殊盛样皿)。

(3)试验步骤

①从恒温水槽中取出达到试验温度恒温的盛样皿,并移入水温控制在试验温度±0.1℃(可用恒温水槽中的水)的平底玻璃皿中的三脚支架上。

提示:

(1)如果室内温度太低,需要调节水温,应先加冷水,再加热水,以免玻璃皿开裂。

(2)玻璃皿中水的高度应超过试样高度10mm左右,以便于观察。

思考:

为什么进行沥青性能试验时,试验温度要严格控制?

____

____

②将盛有试样的平底玻璃皿置于针入度仪的平台上,慢慢放下针连杆,用适当位置的反光镜或灯光反射观察,使针尖恰好与试样表面接触。拉下刻度盘的拉杆,使之与针连杆顶端轻轻接触,调节刻度盘或深度指示器的指针使其指示为零。

提示:

(1)若使用手动针入度仪,应先将底座降到最低。

(2)调节悬臂高度时,应先把针连杆升到最高,再将标准针接触试样表面,把悬臂固定在距离标准针5～10mm的高度,拧紧悬臂固定螺栓,在整个试验过程中,不要再去调节悬臂。

(3)观察标准针针尖是否恰好与试样表面接触时,可以使视线与试样表面在同一水平面,通过水的折射,观察针尖是否与试样表面刚好接触。

(4)拉下刻度盘拉杆时,注意不要太用力,以免针尖被压入试样。

(5)调节指针归零时,应转动刻度盘,不能转动刻度盘指针。

③开动秒表,在指针正指5s的瞬间,用手紧压按钮,使标准针自动下落贯入试样,经规定时间后,松开手指,停压按钮使指针停止移动。

④拉下刻度盘拉杆与针连杆顶端接触,读取刻度盘指针或位移指示器的读数,准确至0.5(0.1mm)。

⑤同一试样平行试验至少3次,各测试点之间及与盛样皿边缘的距离不应小于10mm。每次试验后应将盛有盛样皿的平底玻璃皿放入恒温水槽中,使平底玻璃皿中水温保持试验温度。

提示:

(1)进行下一次试验时,应先松开标准针固定螺栓,升起针连杆,再取出标准针。

(2)每测一次应换一根干净标准针或取下标准针用蘸有三氯乙烯溶剂的棉花或布擦净,再用干棉花或布擦干,再进行第二次试验。

(3)每次试验时,注意不要使标准针落入同一个位置,标准针贯入位置最好相距10mm左右。

(4)结果整理与分析

提示：

(1)计算结果精确至0.01g/cm³。

(2)同一试样3次平行试验结果的最大值和最小值之差在表中规定偏差范围内时，计算3次试验结果的平均值取整作为针入度试验结果，以0.1mm为单位。

(3)测定针入度大于200的沥青试样时，至少用3支标准针，每次试验后将针留在试样中，直至3次平行试验完成后，才能将标准针取出。

(4)对取来的沥青试样不得直接采用电炉或煤气炉明火加热，不得已采用电炉或煤气炉加热脱水时，必须垫放石棉网，加热时间不得超过30min。

(5)在沥青灌模过程中，如温度下降可放入烘箱中适当加热，试样冷却后反复加热的次数不得超过两次，以防沥青老化影响试验结果。在沥青灌模时，不得反复搅动沥青，应避免混进气泡。

(6)灌模剩余的沥青应立即清洗干净，不得重复使用。

沥青针入度平行试验允许偏差值表及沥青针入度试验记录表见表4-3和表4-4。

针入度平行试验允许偏差值表 表4-3

针入度(0.1mm)	0~49	50~149	150~249	250~500
允许偏差值(0.1mm)	2	4	12	20

沥青针入度试验记录表 表4-4

试样编号					生产厂家			
品种及标号					用　途			
试样名称	试样编号	针入时间(s)	试验荷重(g)	试验温度(℃)	针入度读数(0.1mm)			针入度测定值(0.1mm)
					第一针	第二针	第三针	
计算过程：								

试验者________计算者________校核者________试验日期________

引导问题 2:如何完成沥青延度的测定?

(1)试验准备

检查此次试验所需仪器设备是否齐全,见表4-5。

表 4-5

仪 器 设 备	任务完成则画"√"
延度仪	□
"∞"字试模、玻璃板	□
恒温水槽	□
隔离剂(甘油与滑石粉质量比为2:1)	□
砂浴或其他加热炉具	□
温度计(0~50℃)	□
平刮刀、石棉网、酒精、食盐、棉纱等	□

(2)准备工作

①按规定的方法将试样脱水、过筛(0.6mm)。

②将隔离剂拌和均匀,涂于清洁干燥的玻璃板和两个侧模的内侧表面,并将试模在玻璃板上装好。

提示:

涂隔离剂时,一定不能涂于端模内侧。

③将准备好的沥青试样仔细地自试模的一端至另一端往返数次缓缓注入模中,最后略高出试模,灌模时应注意勿使气泡混入。

④试件在室温中冷却30~40min,然后置于规定试验温度±0.1℃的恒温水槽中,保持30min后取出,用热刮刀刮除高出试模的沥青,使沥青面与试模面齐平。沥青的刮法应自试模的中间刮向两端,且表面应刮得平滑。将试模连同底板再浸入规定试验温度的水槽中1~1.5h。

⑤检查延度仪延伸速度是否符合规定要求,然后移动滑板使其指针正对标尺的零点。将延度仪注水,并保温达试验温度±0.5℃。

(3)试验步骤

①将保温后的试件连同底板移入延度仪的水槽中,然后将盛有试样的试模自玻璃板上取下,将试模两端的孔分别套在滑板及槽端固定板的金属柱上,并取下侧模。水面距试件表面应不小于25mm。

②开动延度仪,并注意观察试样的延伸情况。此时应注意,在试验过程中,水温应始终保持在试验温度规定的范围内,当水槽采用循环水时,应暂时中断循环,停止水流。

提示:

(1)在试验过程中,仪器不得有振动,水面不得有晃动。

(2)在试验过程中,如发现沥青细丝浮于水面或沉入槽底时,说明________________,如果沥青丝浮于水面时,则应在水中加入________________;如沥青丝沉入槽底时,应在水中加入________________,调整水的密度至与试样相近后,重新做试验。

③试件拉断时，读取指针所指标尺上的读数，以 cm 表示。在正常情况下，试件延伸时应成锥尖状，拉断时实际断面接近于零。如不能得到这种结果，则应在报告中注明。

(4)结果整理与分析

提示：

(1)同一试样，每次平行试验不少于3个，如3个测定结果均大于100cm，试验结果记作“>100cm”；有特殊需要时，也可分别记录实测值。

(2)如3个测定结果中，有一个以上的测定值小于100cm时，若最大值或最小值与平均值之差满足重复性试验精密度要求，则取3个测定结果的平均值的整数作为延度试验结果，若平均值大于100cm，记作“>100cm”；若最大值或最小值与平均值之差不符合重复性试验精密度要求时，试验应重新进行。

(3)精密度或允许差：当试验结果小于100cm时，重复性试验的允许差为平均值的20%；复现性试验的允许差为平均值的30%。

沥青延度试验记录表见表4-6。

沥青延度试验记录表 表4-6

<table>
<tr><td>试样编号</td><td colspan="3"></td><td colspan="2">生产厂家</td><td colspan="2"></td></tr>
<tr><td>品种及标号</td><td colspan="3"></td><td colspan="2">用　途</td><td colspan="2"></td></tr>
<tr><td rowspan="2">试样
名称</td><td rowspan="2">试样
组别</td><td rowspan="2">试验
温度
(℃)</td><td rowspan="2">试验
速度
(cm/min)</td><td colspan="3">延度读数(cm)</td><td rowspan="2">延度测定值(cm)</td></tr>
<tr><td>试件1</td><td>试件2</td><td>试件3</td></tr>
<tr><td></td><td></td><td></td><td></td><td></td><td></td><td></td><td></td></tr>
<tr><td></td><td></td><td></td><td></td><td></td><td></td><td></td><td></td></tr>
<tr><td colspan="8">计算过程：</td></tr>
</table>

试验者＿＿＿＿＿＿ 计算者＿＿＿＿＿＿ 校核者＿＿＿＿＿＿ 试验日期＿＿＿＿＿＿

引导问题3:如何完成沥青软化点的测定?(环球法)

(1)试验准备

检查此次试验所需仪器设备是否齐全,见表4-7。

表4-7

仪 器 设 备	任务完成则画"√"
软化点试验仪(钢球、试样环、钢球定位环、金属支架、耐热玻璃烧杯、温度计)	□
环夹、加热炉具、玻璃板、恒温水槽	□
平直刮刀、隔离剂(甘油与滑石粉质量比为2:1)	□
洁净水、石棉网	□

(2)准备工作

①按规定的方法将试样脱水、过筛(0.6mm)。

②将隔离剂拌和均匀,涂于清洁干燥的玻璃板上。

③将准备好的沥青试样徐徐注入试样环内至略高出环面为止,在室温冷却30min后,用环夹夹着试样环,并用热刮刀刮除环面上的试样,务必使试样与环面齐平。

(3)试验步骤

试样软化点在80℃以下者:

①试验前将装有试样的试样环连同试样底板置于装有5℃±0.5℃水的恒温水槽中至少15min;同时将金属支架、钢球、钢球定位环等也置于相同水槽中。

提示:

试验前养护时,钢球、钢球定位环、金属支架等应与试样养护同环境、同时。

②烧杯内注入新煮沸并冷却至5℃的洁净水,水面略低于立杆上的深度标记。

提示:

如试验时水温达不到5℃,可以使用冰水混合物,使温度降到所要求的试验温度。

③从恒温水槽中取出盛有试样的试样环放置在支架中层板的圆孔中,套上定位环,然后将整个环架放入烧杯中,调整水面至深度标记,并保持水温为5℃±0.5℃。环架上任何部分不得附有气泡。将0~80℃的温度计由上层板中心孔垂直插入,使端部测温头底部与试样环下面齐平。

④将盛有水和环架的烧杯移至放有石棉网的加热炉具上,然后将钢球放在定位环中间的试样中央,立即开动振荡搅拌器,使水微微振荡,并开始加热,使杯中水温在3min内调节至维持每分钟上升5℃±0.5℃。在加热过程中,应记录每分钟上升的温度值。

提示:

(1)记录试验开始时间,3min后,记录每分钟上升温度。

(2)在加热过程中,如每分钟温度上升速度超出5℃±0.5℃时,则应重做试验。

⑤试样受热软化逐渐下坠,至与下层底板表面接触时,立即读取温度,准确至0.5℃。

提示:

两边试样软化点值相差不得超过1℃,如超过,应重新做试验。

试样软化点在 80℃以上者:

①将装有试样的试样环连同试样底板置于装有 32℃ ±1℃甘油的恒温槽中至少 15min;同时,将金属支架、钢球、钢球定位环等也置于甘油中。

②在烧杯内注入预先加热至 32℃的甘油,其液面应略低于立杆上的深度标记。

③从恒温槽中取出装有试样的试样环,按上述方法进行测定(液体为甘油),准确至 1℃。

(4)结果整理与分析

提示:

(1)试验结果精确至 0.5℃。

(2)同一试样平行试验两次,当两次测定值的差值符合重复性试验精密度要求时,取其平均值作为软化点试验结果。

(3)精密度或允许差:

①当试样软化点小于 80℃时,重复性试验的允许差为 1℃,复现性试验的允许差为 4℃。

②当试样软化点等于或大于 80℃时,重复性试验的允许差为 2℃,复现性试验的允许差为 8℃。

沥青软化点试验记录表见表 4-8。

沥青软化点试验记录表 表 4-8

<table>
<tr><td>试样编号</td><td colspan="9"></td><td colspan="6">生产厂家</td><td colspan="3"></td></tr>
<tr><td>品种及标号</td><td colspan="9"></td><td colspan="6">用　途</td><td colspan="3"></td></tr>
<tr><td>室内温度(℃)</td><td colspan="9"></td><td colspan="6">烧杯内液体种类</td><td colspan="3"></td></tr>
<tr><td>开始加热时间</td><td colspan="9"></td><td colspan="6">开始加热液体温度(℃)</td><td colspan="3"></td></tr>
<tr><td colspan="16">加热烧杯中液体在下列各分钟末温度上升记录(℃)</td><td colspan="2">软化点(℃)</td><td rowspan="2">软化点测定值(℃)</td></tr>
<tr><td>试验次数</td><td>1</td><td>2</td><td>3</td><td>4</td><td>5</td><td>6</td><td>7</td><td>8</td><td>9</td><td>10</td><td>11</td><td>12</td><td>13</td><td>14</td><td>15</td><td>钢球一</td><td>钢球二</td></tr>
<tr><td>1</td><td></td><td></td><td></td><td></td><td></td><td></td><td></td><td></td><td></td><td></td><td></td><td></td><td></td><td></td><td></td><td></td><td></td><td></td></tr>
<tr><td>2</td><td></td><td></td><td></td><td></td><td></td><td></td><td></td><td></td><td></td><td></td><td></td><td></td><td></td><td></td><td></td><td></td><td></td><td></td></tr>
<tr><td colspan="19">计算过程:</td></tr>
</table>

试验者＿＿＿＿＿＿计算者＿＿＿＿＿＿校核者＿＿＿＿＿＿试验日期＿＿＿＿＿＿

引导问题4：如何完成沥青标准黏度的测定？

(1)试验准备

检查此次试验所需仪器设备是否齐全，见表4-9。

表4-9

仪 器 设 备	任务完成则画"√"
道路沥青标准黏度计	□
水槽、盛样管、球塞、水槽盖	□
温度计(分度为0.1℃)、秒表、接受瓶(或100mL量筒)	□
流孔检查棒、肥皂水(或矿物油)、加热炉等	□

(2)试验准备

①按规定的方法准备好沥青试样。

②根据沥青材料的种类和稠度，选择需要流孔孔径的盛样管，置于水槽圆井中，用规定的球塞堵好流孔。

③根据试验温度需要，调整恒温水槽的水温为试验温度±0.1℃。

(3)试验步骤

①将试样加热至比试验温度高2~3℃(如试验温度低于室温时，试样需冷却至比试验温度低2~3℃)时注入盛样管，其数量以液面到达球塞杆垂直时杆上的标记为准。

提示：

向盛样管内注入试样时，液面不得超过球塞杆垂直时杆上的标记。

②试样在水槽中保持试验温度至少30min，用温度计轻轻搅拌试样，测量试样的温度为试验温度±0.1℃时，调整试样液面至球塞杆处的标记，再继续保温1~3min。

③将量筒内装入25mL肥皂水，以利洗涤及读数准确，并使量筒中心正对流孔。

提示：

试验前，必须将量筒内壁用肥皂水润湿，再将量筒内装入25mL肥皂水，以利清洗及准确读数。

④提起球塞，将标记悬挂在试样管边上，待试样流入量筒内使其刻度达到50mL时，按动秒表，待试样流出达到100mL时，按停秒表，读取试样流出50mL所经过的时间，以s计，即为试样的黏度。

(4)结果整理

提示：

(1)同一试样至少平行试验两次，当两次测定的差值不大于平均值的4%时，取其平均值的整数作为试验结果。

(2)精密度或允许差：重复性试验的允许差为平均值的4%。

沥青标准黏度试验记录表见表4-10。

沥青标准黏度试验记录表 表 4-10

<table>
<tr><td>试样编号</td><td colspan="2"></td><td>生产厂家</td><td colspan="3"></td></tr>
<tr><td>品种及标号</td><td colspan="2"></td><td>用　途</td><td colspan="3"></td></tr>
<tr><td rowspan="2">试验次数</td><td rowspan="2">流孔直径
(mm)</td><td rowspan="2">恒温水浴中
水的温度(℃)</td><td rowspan="2">试验时试样
温度(℃)</td><td rowspan="2">量筒中隔离
数量(mL)</td><td colspan="2">试样流出 50mL
所需时间(黏度)(s)</td></tr>
<tr><td>单值</td><td>测定值</td></tr>
<tr><td>1</td><td></td><td></td><td></td><td></td><td></td><td rowspan="2"></td></tr>
<tr><td>2</td><td></td><td></td><td></td><td></td><td></td></tr>
</table>

引导问题 5:如何完成沥青闪点与燃点的测定?(克利夫兰开口杯法)

(1)试验准备

检查此次试验所需仪器设备是否齐全,见表 4-11。

表 4-11

仪 器 设 备	任务完成则划"√"
克利夫兰开口杯式闪点仪(加热板、温度计、点火器、铁支架)	□
防风屏	□
电炉	□

(2)试验步骤

①将试样杯用溶剂洗净、烘干,装置于支架上。加热板放在可调温电炉上,接好电源。

②安装温度计,垂直插入试样杯中,温度计的水银球距杯底约 6.5mm,位置在与点火器相对一侧距杯边缘 16mm 处。

③按规定的方法准备好沥青试样后,将试样注入杯中至刻度线处,并使试样杯其他部位不粘有沥青。

④全部装置应置于室内光线较暗且无显著空气流通的地方,并用防风屏三面围护。

⑤将点火器转向一侧,试验点火,调节火苗成标准球的形状或直径为 4mm ± 0.8mm 的小球形试焰。

⑥开始加热试样,使升温速度迅速地达到 14 ~ 17℃/min。待试样温度达到预期闪点前 56℃时,调节加热器降低升温速度,以便在预期闪点前 28℃时能使升温速度控制在 5.5℃/min ± 0.5℃/min。

⑦试样温度达到预期闪点前 28℃时开始,每隔 2℃将点火器的试焰沿试验杯口中心以 150mm 半径作弧水平扫过一次;从试验杯口的一边至另一边所经过的时间约为 1s。此时应确认点火器的试焰为直径 4mm ± 0.8mm 的火球,并位于坩埚口上方 2 ~ 2.5mm 处。

⑧当试样液面上最初出现一瞬即灭的蓝色火焰时,立即从温度计上读记温度,作为试样的闪点。

⑨继续加热,保持试样升温速度为 5.5℃/min ± 0.5℃/min,并按上述操作要求用点火器点火试验。

⑩当试样接触火焰立即着火,并能继续燃烧不少于 5s 时,停止加热,并读记温度计上的温度,作为试样的燃点。

(3)结果整理

提示：

(1)同一试样至少平行试验两次，两次测定结果的差值不应超过重复性试验允许差8℃，取其平均值的整数作为试验结果。

(2)试样加热温度不得低于闪点以下55℃。

(3)当试验时大气压在95.3kPa(715mmHg)以下时，应对闪点或燃点的试验结果进行修正，若大气压为84.5kPa～95.3kPa(634～715mmHg)时，修正值为增加2.8℃，当大气压为73.3kPa～84.5kPa(550～634mmHg)时，修正值为增加5.5℃。

沥青闪点与燃点试验记录表见表4-12。

沥青闪点与燃点试验记录表 表4-12

试样编号									生产厂家								
品种及标号									用途								
试验次数	试样在下列各分钟末温度上升情况(℃)															闪点(℃)	燃点(℃)
	1	2	3	4	5	6	7	8	9	10	11	12	13	14	15		
1																	
2																	

试验者＿＿＿＿＿＿ 计算者＿＿＿＿＿＿ 校核者＿＿＿＿＿＿ 试验日期＿＿＿＿＿＿

任务二：矿质混合料组成设计

1.项目引入

某道路设计路面结构采用上面层为4cm(AC-13型)细粒式沥青混凝土。试确定各矿料的组成比例。

(1)细粒式密级配沥青混凝土的矿质混合料级配范围如表4-13所示。

细粒式沥青混凝土级配范围 表4-13

级配类型	筛孔尺寸(方孔筛)(mm)									
	16.0	13.2	9.5	4.75	2.36	1.18	0.6	0.3	0.15	0.075
细粒式沥青混凝土(AC-13)	100	90～100	68～85	38～68	24～50	15～38	10～28	7～20	5～15	4～8
中值	100	95	76.5	53	37	26.5	19	13.5	10	6

(2)组成材料筛析试验结果如表4-14所示。

试验结果 表4-14

材料名称	筛孔尺寸(方孔筛)(mm)									
	16.0	13.2	9.5	4.75	2.36	1.18	0.6	0.3	0.15	0.075
	通过百分率(%)									
碎石	100	94	26	0	0	0	0	0	0	0
石屑	100	100	100	80	40	17	0	0	0	0
砂	100	100	100	100	94	90	76	38	17	0
矿粉	100	100	100	100	100	100	100	100	100	86

2. 学习准备

引导问题 1:确定矿质混合料配合比的方法。

(1)试算法(适用于 2 ~ 3 种矿料组成的混合料)

按试算法基本原理,可作两点假设:

①假设 A、B、C 三种集料组成矿质混合料 M,配合比例分别为 X、Y、Z,则

$$X + Y + Z = 100$$

②又设混合料 M 中某一粒径(i)要求的含量为 $a_{M(i)}$,A、B、C 三种集料在原来级配中此粒径(i)颗粒的含量分别为 $a_{A(i)}$、$a_{B(i)}$、$a_{C(i)}$,则

$$a_{A(i)} \cdot X + a_{B(i)} \cdot Y + a_{C(i)} \cdot Z = a_{M(i)}$$

【例 4-1】 根据试算法,计算下列矿料的配合比例,见表 4-15。

表 4-15

筛孔尺寸 d_1(mm)	碎石的分计筛余 $a_{A(i)}$(%)	砂的分计筛余 $a_{B(i)}$(%)	矿粉的分计筛余 $a_{C(i)}$(%)	要求级配范围通过率(%)	要求级配范围通过率的中值 $P_{(i)}$(%)	要求级配范围累计筛余中值 $P_{(i)}$(%)	要求级配范围分级筛余中值 $P_{(i)}$(%)
13.2	0.8	—	—	100			
4.75	60.0	—	—	63 ~ 78			
2.36	23.5	10.5	—	40 ~ 63			
1.18	14.4	22.1	—	30 ~ 53			
0.6	1.3	19.4	4.0	22 ~ 45			
0.3	—	36.0	4.0	15 ~ 35			
0.15	—	7.0	5.5	12 ~ 30			
0.075	—	3.0	3.2	10 ~ 25			
<0.075	—	2.0	83.3	—			

①将要求级配范围的通过率换算为分级筛余百分率,计算结果列于表 4-15 中;

步骤:计算要求通过率中值—换算为累计筛余中值—换算为分级筛余中值。

②假设碎石、砂、矿粉的配合比分别为 X、Y、Z。

③由表 4-15 可知,碎石中 4.75mm 粒径颗粒含量占优势,根据试算法原理的第二个假设,可得碎石在矿质混合料中的用量比例为:

$$a_{A(4.75)} \cdot X + a_{B(4.75)} \cdot Y + a_{C(4.75)} \cdot Z = a_{M(4.75)}$$

其中,$a_{B(4.75)} = 0$,$a_{C(4.75)} = 0$,可得:

X = ________________ = ________________

④同理,由表 4-15 可知,矿粉中 <0.075mm 粒径颗粒含量占优势,则:

Z = ________________ = ________________

⑤由 $X + Y + Z = 100$,可得:

Y = ________________ = ________________

⑥校核:以试算所得配合比进行校核,见表 4-16。

表 4-16

筛孔尺寸 d_1 (mm)	碎石			砂			矿粉			矿质混合料			要求级配范围通过率 (%)
	原来级配分级筛余 $a_{A(i)}$ (%)	用量比例 X (%)	占混合料百分率 $a_{A(i)} \cdot X$ (%)	原来级配分级筛余 $a_{B(i)}$ (%)	用量比例 Y (%)	占混合料百分率 $a_{B(i)} \cdot Y$ (%)	原来级配分级筛余 $a_{C(i)}$ (%)	用量比例 Z (%)	占混合料百分率 $a_{C(i)} \cdot Z$ (%)	分计筛余 $a_{M(i)}$ (%)	累计筛余 $A_{M(i)}$ (%)	通过率 $P_{M(i)}$ (%)	
13.2	0.8			—			—						100
4.75	60.0			—			—						63～78
2.36	23.5			10.5			—						40～63
1.18	14.4			22.1			—						30～53
0.6	1.3			19.4			4.0						22～45
0.3	—			36.0			4.0						15～35
0.15	—			70			5.5						12～30
0.075	—			3.0			3.2						10～25
<0.075	—			2.0			83.3						—
校核	Σ =		Σ =	Σ =		Σ =	Σ =		Σ =	Σ =			

根据校核结果，如不符合级配要求，应调整配合比再进行试算，直至达到要求。

(2)图解法(适用于3种以上矿料组成的混合料)

①设计步骤：

a. 计算要求级配范围通过率的中值；

b. 根据级配范围中值，确定相应的横坐标的位置；

c. 在坐标图上绘制各种集料的级配曲线；

d. 从级配曲线图上最粗集料开始，依次分析两种相邻集料的级配曲线，直至最细集料，确定各集料的用量比例；

e. 校核。

②计算得到的合成级配应根据要求作必要的配合比调整。

引导问题2：根据项目资料，用图解法完成以下矿料的组成设计

现有碎石、石屑、砂、矿粉四种集料，筛分结果如表4-17所示。

四种集料的筛分结果 表4-17

材料名称	筛孔尺寸(方孔筛)(mm)									
	16.0	13.2	9.5	4.75	2.36	1.18	0.6	0.3	0.15	0.075
	通过百分率(%)									
碎石	100	94	26	0	0	0	0	0	0	0
石屑	100	100	100	80	40	17	0	0	0	0
砂	100	100	100	100	94	90	76	38	17	0
矿粉	100	100	100	100	100	100	100	100	100	86

要求将上述4种集料组配成符合细粒式沥青混合料AC-13级配要求的矿质混合料(表4-18)，试确定各种集料的用量比例。

细粒式沥青混合料 AC-13 级配要求　　表 4-18

级配类型	筛孔尺寸(方孔筛)(mm)									
	16.0	13.2	9.5	4.75	2.36	1.18	0.6	0.3	0.15	0.075
细粒式沥青混凝土(AC-13)	100	90~100	68~85	38~68	24~50	15~38	10~28	7~20	5~15	4~8
中值	100	95	76.5	53	37	26.5	19	13.5	10	6

(1)绘图确定各集料用量比例:

(2)校核、调整,如表 4-19 所示。

矿质混合料组配校核表　　表 4-19

材料		筛孔尺寸(方孔筛)(mm)									
		16.0	13.2	9.5	4.75	2.36	1.18	0.6	0.3	0.15	0.075
		通过百分率(%)									
原材料级配	碎石 100%	100	94	26	0	0	0	0	0	0	0
	石屑 100%	100	100	100	80	40	17	0	0	0	0
	砂 100%	100	100	100	100	94	90	76	38	17	0
	矿粉 100%	100	100	100	100	100	100	100	100	100	86
各种集料在混合料中的级配	碎石										
	石屑										
	砂										
	矿粉										
合成级配											
规范要求级配范围		100	90~100	68~85	38~68	24~50	15~38	10~28	7~20	5~15	4~8
中值		100	95	76.5	53	37	26.5	19	13.5	10	6

(3)绘制合成级配曲线图：

任务三：最佳沥青用量的确定及沥青混合料性能检测

1.项目引入

以马歇尔试验方法为设计方法，规范要求的高速公路用细粒式热拌沥青混合料的马歇尔试验各项指标技术标准如表4-20所示。

马歇尔试验各项指标的技术标准 表4-20

技术性质	毛体积密度 ρ_s(g/cm^3)	空隙率 VV(%)	矿料间隙率 VMA(%)	沥青饱和度 VFA(%)	稳定度 MS(kN)	流值 FL(0.1mm)
技术标准（JTG F40—2004）	—	3~6	≥15	65~75	≥8	15~40

2.学习准备

引导问题：如何确定沥青的最佳用量（以马歇尔试验方法为标准方法）。

设计步骤：

(1)制备试件

①确定试件的制作温度。应与施工实际温度一致，见表4-21。

试件的制作温度 表4-21

施工工序	石油沥青的强度等级				
	50号	70号	90号	110号	130号
沥青加热温度(℃)	160~170	155~165	150~160	145~155	140~150
矿料加热温度(℃)	集料加热温度比沥青温度高10~30（填料不加热）				
沥青混合料拌和温度(℃)	150~170	145~165	140~160	135~155	130~150
试件击实成型温度(℃)	140~160	135~155	130~150	125~145	120~140

②确定沥青用量范围。

a.计算矿质混合料的毛体积相对密度 γ_{sb}：

$$\gamma_{sb} = \frac{100}{\frac{P_1}{\gamma_1} + \frac{P_2}{\gamma_2} + \cdots + \frac{P_n}{\gamma_n}} \tag{4-1}$$

式中：P_1、P_2、…、P_n——各种矿料成分的配合比，其和为100；

γ_1、γ_2、…、γ_n——各种矿料相应的毛体积相对密度。

b. 预估油石比 P_a或沥青用量 P_b:

拓展知识:

(1)油石比:沥青用量与矿料总量的百分比;

(2)沥青用量:沥青用量占混合料总量的百分数。

$$P_a = \frac{P_{n1} \cdot \gamma_{sb1}}{\gamma_{sb}} \tag{4-2}$$

$$P_b = \frac{P_a \times 100}{100 + P_a} \tag{4-3}$$

c. 确定矿料的有效相对密度:

$$\gamma_{se} = \frac{100 - P_b}{\frac{100}{\gamma_t} - \frac{P_b}{\gamma_b}} \tag{4-4}$$

式中:γ_{se}——合成矿料的有效相对密度;

P_b——试验采用的沥青用量,%;

γ_t——试验沥青用量条件下,实测得到的最大相对密度,无量纲;

γ_b——沥青的相对密度(25℃/25℃),无量纲。

提示:

沥青最大相对密度的测定方法:T 0711—1993(参见《公路工程沥青及沥青混合料试验规程》(JTJ 052—2000))

d. 以预估的油石比为中值,按一定间隔取 5 组油石比成型马歇尔试件,通常间隔为 0.5%。

(2)测定马歇尔试件的物理指标

①测定压实沥青混合料试件的毛体积相对密度 γ_f和吸水率(取平均值)。

②确定沥青混合料的最大理论相对密度。

③计算沥青混合料试件的空隙率、矿料间隙率 VMA 和有效沥青的饱和度 VFA,进行组成分析。

(3)测定力学指标,即马歇尔稳定度和流值。

(4)马歇尔试验结果分析。

【例 4-2】 表 4-22 为马歇尔试验结果,请确定最佳沥青用量。

马歇尔试验结果 表 4-22

试件组号	沥青用量(%)	技术性质					
		毛体积密度 ρ_s (g/cm^3)	空隙率 VV (%)	矿料间隙率 VMA (%)	沥青饱和度 VFA (%)	稳定度 MS (kN)	流值 FL (0.1mm)
01	4.5	2.353	6.4	16.7	61.7	7.8	21
02	5.0	2.378	4.7	16.3	71.2	8.6	25
03	5.5	2.392	3.4	16.2	79.0	8.7	32
04	6.0	2.401	2.3	16.4	85.8	8.1	37
05	6.5	2.396	1.8	17.0	89.4	7.0	44
技术标准 (JTG F40—2004)		—	3~6	≥15	65~75	≥8	15~40

(1)绘制沥青用量与物理—力学指标关系图(见图 4-2)

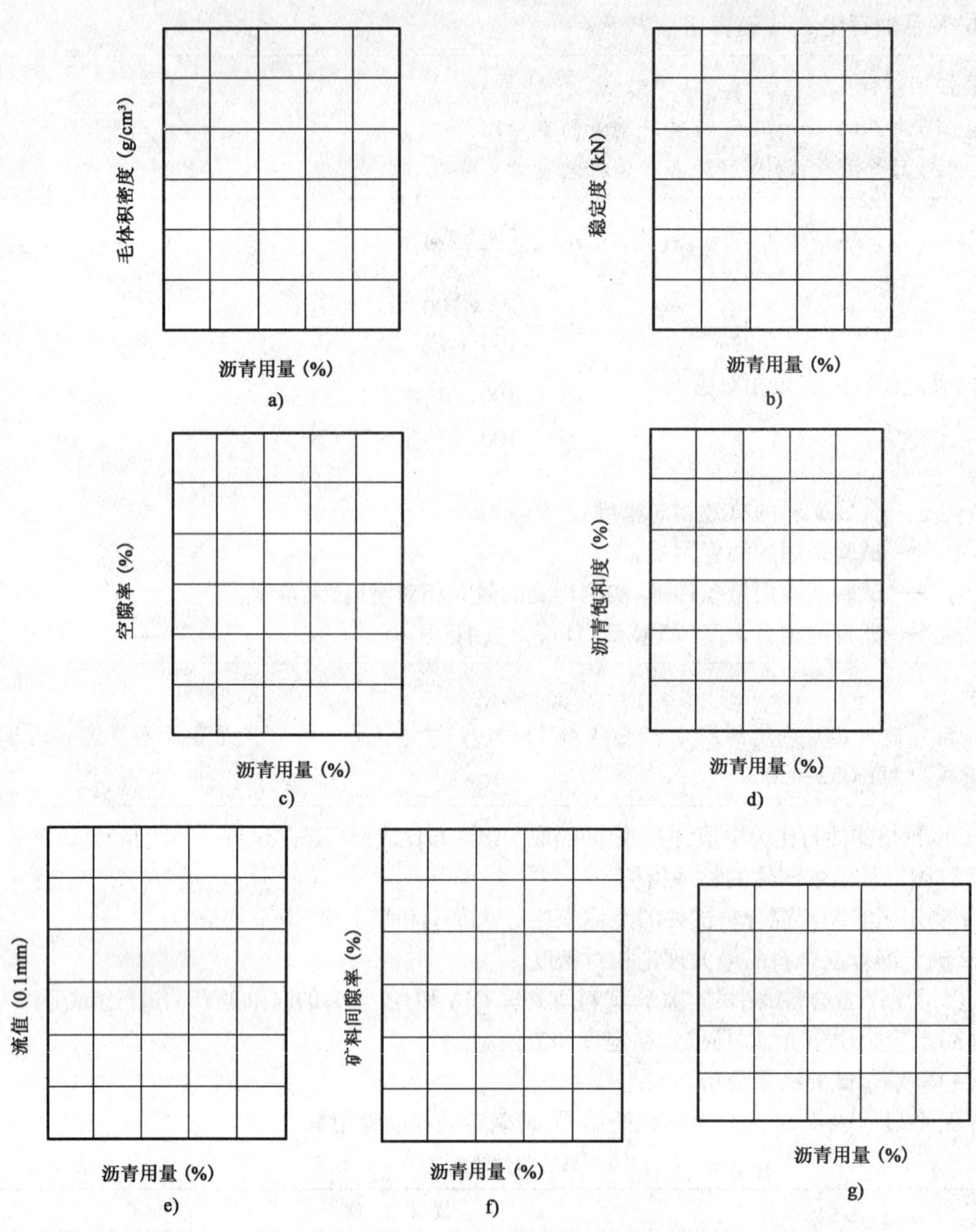

图 4-2　沥青用量与物理力学关系图

(2)确定沥青用量初始值 OAC_1

(3)确定沥青用量初始值 OAC_2

(4)确定最佳沥青用量 OAC

3. 计划与实施

1)试验方案选择

引导问题:根据《公路工程沥青及沥青混合料试验规程》(JTJ 052—2000)选择合适的试验方法对沥青混合料进行检测。

①沥青混合料试件制作方法是________________。

②压实沥青混合料密度试验方法有＿＿＿＿＿＿＿、＿＿＿＿＿＿＿；当沥青混合料试件吸水率 >2% 时，采用＿＿＿＿＿＿＿法进行测定，反之则采用＿＿＿＿＿＿＿法。

2）试验操作

引导问题 1：如何完成沥青混合料试件制作？（击实法）

（1）试验准备

检查此次试验所需仪器设备是否齐全，见表 4-23。

表 4-23

仪 器 设 备	任务完成则画"√"	仪 器 设 备	任务完成则画"√"
标准击实仪	□	脱模器、试模、烘箱、天平或电子天平	□
标准击实台	□	插刀或大螺丝刀、温度计（0~300℃）	□
拌和机（容量不小于 10L）	□	滤纸、棉纱等	□

（2）试验准备

①确定制作沥青混合料试件的拌和与压实温度，可参照表 4-24 执行。

沥青混合料拌和及压实温度参考表　　表 4-24

沥青混合料种类	拌和温度（℃）	压实温度（℃）
石油沥青	130~160	120~150
煤沥青	90~120	80~110
改性沥青	160~175	140~170

②按规定在拌和厂或施工现场采集沥青混合料试样，将试样置于烘箱中或加热的砂浴上保温。

③在实验室人工配制沥青混合料时，材料准备按下列步骤进行：

a. 将各种规格的矿料置于 105℃ ±5℃的烘箱中烘干至恒重（一般不少于 4~6h）。

b. 按规定的试验方法分别测定不同粒径规格粗、细集料及填料（矿粉）的各种密度及沥青的密度。

c. 将烘干分级的粗细集料，按每个试件设计级配要求称其质量，在一金属盘中混合均匀，矿粉单独加热，置于烘箱中预热至沥青拌和温度以上约 15℃（采用石油沥青时通常为 163℃；采用改性沥青时通常为 180℃）备用。一般按一组试件（每组 4~6 个）备料，但进行配合比设计时宜对每个试件分别备料。

d. 将采集的沥青试样，用恒温烘箱或油浴、电热套熔化加热至规定的沥青混合料拌和温度备用，但不得超过 175℃。

④用沾有少许黄油的棉纱擦净试模、套筒及击实座等，将其置于 100℃左右烘箱中加热 1h 备用。常温沥青混合料用试模不加热。

（3）试验步骤

①将沥青混合料拌和机预热至拌和温度以上 10℃左右备用。

②将每个试件预热的粗、细集料置于拌和机中，用小铲子适当混合，然后再加入需要数量的已加热至拌和温度的沥青（如沥青已称量在一专用容器内时，可在倒掉沥青后用一部分热矿粉将粘在容器壁上的沥青擦拭一起倒入拌和锅中），开动拌和机一边搅拌一边将拌和叶片插入混合料中拌和 1~1.5min，然后暂停拌和，加入单独加热的矿粉，继续拌和至均匀为止，并使沥青混合料保持在要求的拌和温度范围内。标准的总拌和时间为 3min。

提示：

沥青称量方法采用减量法。

③将拌好的沥青混合料，均匀称取一个试件所需的用量（标准马歇尔试件约 1 200g，大型马歇尔试件约 4 050g）。当已知沥青混合料的密度时，可根据试件的标准尺寸，并乘以1.03得到要求的混合料数量。当一次拌和几个试件时，宜将其倒入经预热的金属盘中，用小铲适当拌和均匀，分成几份，分别取用。在试件制作过程中，为防止混合料温度下降，应连盘放在烘箱中保温。

④从烘箱中取出预热的试模及套筒，用沾有少许黄油的棉纱擦拭套筒、底座及击实锤底面，将试模装在底座上，垫一张圆形的吸油性小的纸，按四分法从 4 个方向用小铲将混合料铲入试模中，用插刀或大螺丝刀沿周边插捣 15 次，中间 10 次。插捣后，将沥青混合料表面整平成凸圆弧面。

⑤插入温度计，至混合料中心附近，检查混合料温度。

⑥待混合料温度符合要求的压实温度后，将试模连同底座一起在击实台上固定，在装好的混合料上面垫一张吸油性小的圆纸，再将装有击实锤及导向棒的压实头插入试模中，然后开启电动机或人工将击实锤从 457mm 的高度自由落下，击实规定的次数（75 次、50 次或 35 次）。

⑦试件击实一面后，取下套筒，将试模翻面，装上套筒，然后以同样的方法和次数击实另一面。

⑧试件击实结束后，立即用镊子取掉上下面的纸，用游标卡尺量取试件离试模上口的高度，并由此计算试件高度，如高度不符合要求时，试件应作废，并按式（4-5）调整试件的混合料质量，以保证高度符合 63.5mm ±1.3mm（标准试件）或 95.3mm ±2.5mm（大型试件）的要求。

$$\text{调整后混合料质量} = \frac{\text{要求试件高度} \times \text{原用混合料质量}}{\text{所得试件的高度}} \tag{4-5}$$

⑨卸去套筒和底座，将装有试件的试模横向放置，冷却至室温后（不少于 12h），置脱模机上脱出试件。

提示：

用于做现场马歇尔指标检验的试件，在施工质量检验过程中，如急需试验，允许采用电风扇吹冷 1h 或浸水冷却 3min 以上的方法脱模，但浸水脱模法不能用于测量密度、空隙率等各项物理指标。

⑩将试件仔细置于干燥洁净的平面上，供试验用。

（4）结果整理与分析

提示：

（1）对实验室试验研究、配合比设计及采用机械拌和施工的工程，严禁采用人工炒拌法热拌沥青混合料。

（2）对大型马歇尔试件，装模时，混合料分两次加入，每次插捣次数同上。

引导问题 2：如何完成沥青混合料试件密度试验？（表干法）

（1）试验准备

检查此次试验所需仪器设备是否齐全，见表 4-25。

表 4-25

仪 器 设 备	任务完成则画"√"	仪 器 设 备	任务完成则画"√"
浸水天平或电子秤	□	试件悬吊装置	□
网篮	□	秒表、毛巾、电风扇或烘箱	□
溢流水箱	□		

(2)试验步骤

①选择适宜的浸水天平或电子秤,最大称量应不小于试件质量的 1.25 倍,且不大于试件质量的 5 倍。

②除去试件表面的浮粒,称取干燥试件的空中质量(m_a),根据选择的天平的感量读数,准确至 0.1g。

③挂上网篮,浸入溢流水箱中,调节水位,将天平调平或复零,把试件置于网篮中(注意不要晃动水),浸入水中约 3 ~5min,称取试件水中质量(m_w)。

提示:

若天平读数持续变化,不能很快达到稳定,说明试件吸水较严重,不适用于此法测定,应改用蜡封法测定。

④从水中取出试件,用洁净柔软的拧干湿毛巾轻轻擦去试件的表面水(不得吸走空隙内的水),称取试件的表干质量(m_f)。

(3)结果整理与分析

提示:

(1)对从路上钻取的非干燥试件可先取水中质量(m_w),然后用电风扇将试件吹干至恒重(一般不少于 12h,当不需要进行其他试验时,也可用 60℃ ±5℃烘箱烘干至恒重),再称取空中质量(m_a)。

(2)旧路面钻取芯样试验的混合料缺乏材料密度及配合比时,沥青混合料理论最大相对密度应采用真空法或溶剂法求得。

(3)应在试验报告中注明沥青混合料的类型及采用的测定密度的方法。

①计算试件的吸水率,取 1 位小数。

试件的吸水率即试件吸水体积占沥青混合料毛体积的百分率,按式(4-6)计算。

$$S_a = \frac{m_f - m_a}{m_f - m_w} \times 100\% \tag{4-6}$$

式中:S_a——试件的吸水率,%;

m_a——干燥试件的空中质量,g;

m_w——试件的水中质量,g;

m_f——试件的表干质量,g。

②计算试件的毛体积相对密度和毛体积密度,取 3 位小数。

当试件的吸水率符合 $S_a < 2\%$ 的要求时,试件的毛体积相对密度和毛体积密度可按式(4-7)及式(4-8)计算,当吸水率 $S_a > 2\%$ 的要求时,应改用蜡封法测定。

$$\gamma_f = \frac{m_a}{m_f - m_w} \tag{4-7}$$

$$\rho_f = \frac{m_a}{m_f - m_w} \times \rho_w \qquad (4-8)$$

式中：γ_f——用表干法测定的试件毛体积相对密度，无量纲；

ρ_f——用表干法测定的试件毛体积密度，g/cm^3；

ρ_w——常温水的密度，$\rho_w \approx 1g/cm^3$。

③试件的空隙率按式(4-9)计算，取1位小数。

$$VV = (1 - \frac{\gamma_f}{\gamma_t}) \times 100\% \qquad (4-9)$$

式中：VV——试件的空隙率，%；

γ_f——试件的毛体积相对密度，无量纲。

γ_t——沥青混合料理论最大相对密度，无量纲。

④计算试件的理论最大相对密度或理论最大密度，取3位小数。

当已知试件的油石比时，试件的理论最大相对密度可按式(4-10)计算。当已知试件的沥青含量时，试件的理论最大相对密度可按式(4-11)计算。

$$\gamma_{ti} = \frac{100 + P_{ai}}{\frac{100}{\gamma_{se}} + \frac{P_{ai}}{\gamma_b}} \qquad (4-10)$$

$$\gamma_{ti} = \frac{100}{\frac{P_{si}}{\gamma_{se}} + \frac{P_{bi}}{\gamma_b}} \qquad (4-11)$$

式中：γ_{ti}——沥青混合料的最大理论相对密度，无量纲；

P_{ai}——所计算的沥青混合料中的油石比，%；

P_{bi}——所计算沥青混合料的沥青用量，%；

P_{si}——所计算沥青混合料的矿料含量，%；

γ_{se}——矿料有效相对密度，无量纲；

γ_b——沥青的相对密度(25℃/25℃)，无量纲。

⑤试件中沥青的体积百分率可按式(4-12)计算，取1位小数。

$$V_{be} = \frac{P_{be} \times \gamma_f}{\gamma_b} \qquad (4-12)$$

式中：V_{be}——沥青混合料试件的沥青体积百分率，%；

P_{be}——沥青混合料的沥青用量，%。

⑥试件中的矿料间隙率，可按式(4-13)计算。

$$VMA = (1 - \frac{\gamma_f}{\gamma_{sb}} \times \frac{P_s}{100}) \times 100\% \qquad (4-13)$$

式中：VMA——沥青混合料试件的矿料间隙率，%；

P_s——各种矿料占沥青混合料总质量的百分率之和，即 $P_s = 100 - P_b$，%。

γ_{sb}——矿料合成毛体积相对密度，按式(4-14)计算。

$$\gamma_{sb} = \frac{100}{\frac{P_1}{\gamma_1} + \frac{P_2}{\gamma_2} + \cdots + \frac{P_n}{\gamma_n}} \qquad (4-14)$$

⑦试件的沥青饱和度按式(4-15)计算，取1位小数。

$$VFA = \frac{VMA - VV}{VMA} \times 100\% \tag{4-15}$$

式中:VFA——试件的有效沥青饱和度,%。

⑧记录见后面马歇尔试验记录表。

引导问题3:如何完成沥青混合料马歇尔稳定度及浸水马歇尔试验?

(1)试验准备

检查此次试验所需仪器设备是否齐全,见表4-26。

表4-26

仪器设备	任务完成则画"√"	仪器设备	任务完成则画"√"
沥青混合料马歇尔试验仪	□	烘箱	□
恒温水槽	□	温度计,游标卡尺等	□
天平	□		

(2)准备工作

①按标准击实法成型马歇尔试件,其尺寸应符合直径101.6mm ±0.2mm、高63.5mm ±1.3mm的要求。一组试件的数量最少不得低于4个,并应符合规范规定。

②量测试件的直径及高度:用游标卡尺测量试件中部的直径,用马歇尔试件高度测定器或用游标卡尺在十字对称的4个方向量测离试件边缘10mm处的高度,准确至0.1mm,并以其平均值作为试件的高度。

提示:

如标准马歇尔试件高度不符合63.5mm ±1.3mm的要求或两侧高度差大于2mm时,此试件应作废。

③按规范规定的方法测定试件的密度、试件空隙率、沥青体积百分率、沥青饱和度、矿料间隙率等物理指标。

④将恒温水槽调节至要求的试验温度,对黏稠石油沥青或烘箱养生过的乳化沥青混合料温度应为60℃ ±1℃。

(3)试验步骤

①标准马歇尔试验方法:

a.将试件置于已达规定温度的恒温水槽中保温,对标准马歇尔试件保温时间需30~40min。试件之间应有间隔,底下应垫起,离容器底部不应小于5cm。

b.将马歇尔试验仪的上下压头放入水槽或烘箱中达到同样温度。将上下压头从水槽或烘箱中取出,擦拭干净内面。为使上下压头滑动自如,可在下压头的导棒上涂少量黄油,再将试件取出置于下压头上,盖上上压头,然后装在加载设备上。

c.当采用自动马歇尔试验仪时,将自动马歇尔试验仪的压力传感器、位移传感器与计算机或X-Y记录仪正确连接,调整好计算机或将X-Y记录仪的记录笔对准原点。

d.启动加载设备,使试件承受荷载,加载速度为(50 ±5)mm/min。计算机或X-Y记录仪自动记录传感器压力和试件变形曲线,并将数据自动存入计算机。

e.记录或打印试件的稳定度和流值。

提示：

（1）从恒温水槽中取出试件至测出最大荷载值的时间，不得超过30s。

（2）采用自动马歇尔试验时，试验结果应附上荷载—变形曲线原件或自动打印结果，并报告马歇尔稳定度、流值、马歇尔模数，以及试件尺寸、试件的密度、空隙率、沥青用量、沥青体积百分率、沥青饱和度、矿料间隙率等各项物理指标。

②浸水马歇尔试验方法：

浸水马歇尔试验方法与标准马歇尔试验方法的不同之处在于，试件在已达规定温度恒温水槽中的保温时间为48h，其余均与标准马歇尔试验方法相同。

（4）结果整理与分析

提示：

当一组测定值中某个测定值与平均值之差大于标准差的 k 倍时，则该测定值应予舍弃，并以其余测定值的平均值作为试验结果。当试件数目 n 为3、4、5、6个时，k 值分别为1.15、1.46、1.67、1.82。

①从记录仪上读取试件的稳定度和流值。稳定度（MS），以kN计，准确至0.01kN。流值（FL），以mm计，准确至0.1mm。

②试件的马歇尔模数按式（4-16）计算。

$$T = \frac{MS}{FL} \tag{4-16}$$

式中：T——试件的马歇尔模数，kN/mm；

MS——试件的稳定度，kN；

FL——试件的流值，mm。

③试件浸水马歇尔试验残留稳定度按式（4-17）计算。

$$MS_0 = \frac{MS_1}{MS} \times 100\% \tag{4-17}$$

式中：MS_0——试件的浸水残留稳定度，%；

MS_1——试件浸水48h后的稳定度，kN。

④记录见后面马歇尔试验记录表，见表4-27。

引导问题4：根据设计资料，完成沥青混合料配合比设计。

（1）设计资料

①沥青采用进口沥青，标号AH-70，其技术指标符合《公路沥青路面施工技术规范》（JTG F40—2004）的要求，相对密度为0.998。

②沥青混合料所用矿料的相对密度分别为：矿料A（13.2～16mm）为2.807，矿料B（9.5～13.2mm）为2.765，矿料C（4.75～9.5mm）为2.758，矿料D（0～4.75mm）为2.731，矿料E（矿粉）为2.774。

（2）设计要求

①完成各种原材料的试验数据分析，见表4-28。

②用图解法进行矿质混合料配合比设计，见表4-29、表4-30。

③用马歇尔试验确定沥青最佳用量，见表4-31和图4-3。

沥青混合料马歇尔试验记录表

表 4-27

试验日期：　　年　　月　　日

公路等级		沥青混合料类型		击实次数	双面各______次	击实温度	℃
矿料比例		矿料有效相对密度				沥青相对密度	

试件编号	沥青用量(%)	试件高度(mm)			试件在空气中质量 m_a(g)	试件在水中质量 m_w(g)	试件表干质量 m_f(g)	试件毛体积相对密度 γ_f	理论相对密度 γ_t	试件空隙率VV(%)	矿料间隙率VMA(%)	沥青饱和度VFA(%)	稳定度MS(kN)	残留稳定度MS_0(%)		流值FL(mm)
		单值		平均值										kN	%	
①																
②																
③																
④																
⑤																
⑥																
平均值																

沥青混合料原材料筛分析报告

表 4-28

工程名称									检测依据											
使用部位									试验日期											
材料编号	A				B				C				D				E			
材料产地																				
材料名称																				
试样质量																				
筛分情况 筛孔尺寸	筛余量	分计筛余	累计筛余	通过量	筛余量	分计筛余	累计筛余	通过量	筛余量	分计筛余	累计筛余	通过量	筛余量	分计筛余	累计筛余	通过量	筛余量	分计筛余	累计筛余	通过量
	g	%	%	%	g	%	%	%	g	%	%	%	g	%	%	%	g	%	%	%

矿质混合料配合比设计矩形图

表 4-29

沥青混合料矿料配合比计算表(图解法)

工程名称							检测依据			
使用部位							试验日期			
筛孔(mm) / 配合比(%) / 材料名称		A	B	C	D	E	各种矿料配合比合成计算表	合成级配(%)	标准级配中值(%)	标准级配范围(%)
	通过量(%)									
备注	规范规定沥青用量范围:									

沥青混合料矿料配合比计算表(图解法)(调整)

表 4-30

工程名称							检测依据			
使用部位							试验日期			
材料名称 / 配合比(%) / 筛孔(mm)		A	B	C	D	E	各种矿料配合比合成计算表	合成级配(%)	标准级配中值(%)	标准级配范围(%)
	通过量(%)									
备注	规范规定沥青用量范围:									

矿质混合料配合比设计合成级配图

设计的矿质混合料配合比为：

沥青混合料马歇尔试验记录表 1

表 4-31A

公路等级				沥青混合料类型					击实次数		双面各______次		击实温度		℃
矿料比例							矿料有效相对密度						沥青相对密度		
试件编号	沥青用量(%)	试件高度(mm)		试件在空气中质量 m_a(g)	试件在水中质量 m_w(g)	试件表干质量 m_f(g)	试件毛体积相对密度 γ_f	理论相对密度 γ_t	试件空隙率 VV (%)	矿料间隙率 VMA (%)	沥青饱和度 VFA (%)	稳定度 MS (kN)	残留稳定度 MS_0(%)		流值 FL (mm)
		单值	平均值										kN	%	
①															
②															
③															
④															
⑤															
⑥															
平均值															

表 4-31B

沥青混凝土马歇尔试验记录表 2

公路等级				沥青混合料类型					击实次数		双面各____次		击实温度		℃
矿料比例							矿料有效相对密度						沥青相对密度		
试件编号	沥青用量（%）	试件高度（mm）		试件在空气中质量 m_a（g）	试件在水中质量 m_w（g）	试件表干质量 m_f（g）	试件毛体积相对密度 γ_f	理论相对密度 γ_t	试件空隙率 VV（%）	矿料间隙率 VMA（%）	沥青饱和度 VFA（%）	稳定度 MS（kN）	残留稳定度 MS_0（%）		流值 FL（mm）
		单值	平均值										kN	%	
①															
②															
③															
④															
⑤															
⑥															
平均值															

沥青混凝土马歇尔试验记录表 3

表 4-31C

公路等级					沥青混合料类型					击实次数		双面各______次		击实温度		℃
矿料比例								矿料有效相对密度						沥青相对密度		
试件编号	沥青用量(%)	试件高度(mm)			试件在空气中质量 m_a(g)	试件在水中质量 m_w(g)	试件表干质量 m_f(g)	试件毛体积相对密度 γ_f	理论相对密度 γ_t	试件空隙率 VV(%)	矿料间隙率 VMA(%)	沥青饱和度 VFA(%)	稳定度 MS(kN)	残留稳定度 MS_0(%)		流值 FL(mm)
		单值		平均值										kN	%	
①																
②																
③																
④																
⑤																
⑥																
平均值																

沥青混凝土马歇尔试验记录表 4

表 4-31D

公路等级				沥青混合料类型					击实次数		双面各______次		击实温度		℃
矿料比例							矿料有效相对密度						沥青相对密度		
试件编号	沥青用量（%）	试件高度（mm）		试件在空气中质量 m_a（g）	试件在水中质量 m_w（g）	试件表干质量 m_f（g）	试件毛体积相对密度 γ_f	理论相对密度 γ_t	试件空隙率 VV（%）	矿料间隙率 VMA（%）	沥青饱和度 VFA（%）	稳定度 MS（kN）	残留稳定度 MS_0（%）		流值 FL（mm）
		单值	平均值										kN	%	
①															
②															
③															
④															
⑤															
⑥															
平均值															

沥青混凝土马歇尔试验记录表 5

表 4-31E

公路等级				沥青混合料类型				击实次数		双面各______次			击实温度		℃
矿料比例							矿料有效相对密度						沥青相对密度		
试件编号	沥青用量（%）	试件高度（mm）		试件在空气中质量 m_a（g）	试件在水中质量 m_w（g）	试件表干质量 m_f（g）	试件毛体积相对密度 γ_f	理论相对密度 γ_t	试件空隙率 VV（%）	矿料间隙率 VMA（%）	沥青饱和度 VFA（%）	稳定度 MS（kN）	残留稳定度 MS_0（%）		流值 FL（mm）
		单值	平均值										kN	%	
①															
②															
③															
④															
⑤															
⑥															
平均值															

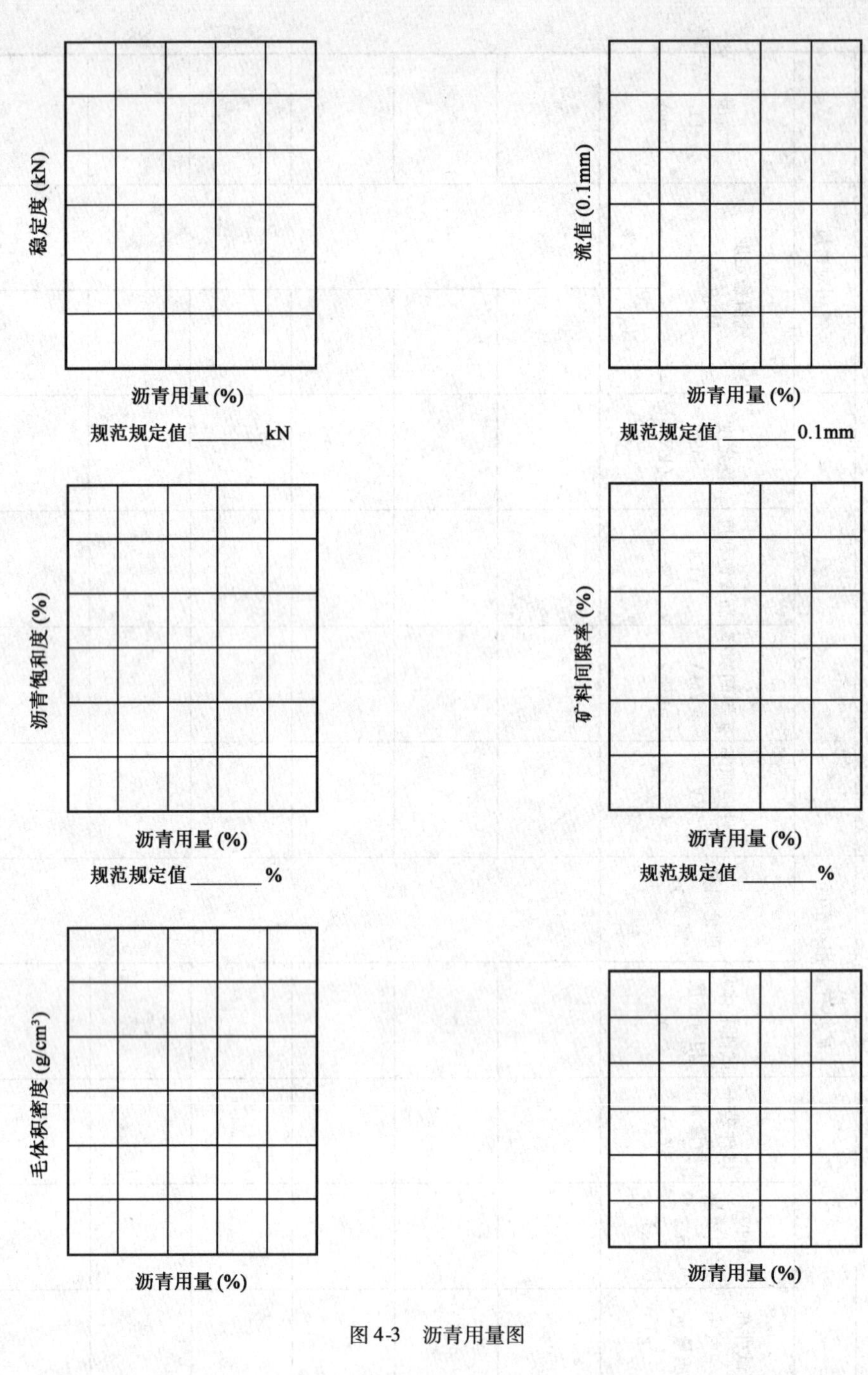

图 4-3　沥青用量图

结论：

a_1 =　　a_2 =　　a_3 =　　a_4 =　　OAC_1 =

OAC_{min} =　　OAC_{max} =　　OAC_2 =

OAC =

（三）评价与反馈

1. 结果分析及学习评价

沥青的针入度是______，软化点是______，延度是______。

是否符合设计要求？____

根据设计要求,最终选用的沥青混合料的配合比是________________

若有不满足要求的原材料,指出该材料哪项指标不符合要求。

____

请提出相应的解决方法:________________

____

____

在完成任务的过程当中,最大的困难是什么?

____

____

____

你认为还需加强哪方面的指导(试验操作及理论知识)?

____

____

____

2. 学习工作过程评价表(表 4-32)

任 务 评 分 表 表 4-32

考 核 项 目	分数			学生自评	小组互评	教师评价	小 计
	差	中	好				
团队合作精神	1	3	5				
活动参与是否积极	1	3	5				
操作过程是否正确规范	5	15	25				
工具、设备使用是否规范	1	3	5				
试验结果计算是否正确	2	6	10				
劳动纪律	1	3	5				
试验记录表填写是否完整、清晰	1	3	5				
总分	60						
教师签字:				年 月 日		得分	

学习任务五　防水材料性能检测

一、任 务 描 述

渗漏水是公路隧道最常见的病害，它对行车安全、机电设备、通信线路以及衬砌结构等都有不同程度的影响。本次的学习任务是针对公路隧道常用的防水材料，完成相关的试验项目检测，并对结果进行评价。

二、学 习 目 标

(1)能辨别公路隧道常用防水材料的种类并阐述其适用范围；

(2)描述高聚物材料的特性及分类；

(3)阐述土工布在公路隧道中的应用；

(4)描述土工布的各项技术性质、测定方法及工程意义；

(5)按照试验规程，正确使用仪器、设备等进行沥青及沥青混合料各项技术指标的测定；

(6)根据试验数据，分析判断原材料性能是否满足工程要求，如不满足要求，可根据设计要求选择合格的材料；

(7)正确填写试验报告。

三、内容结构(图 5-1)

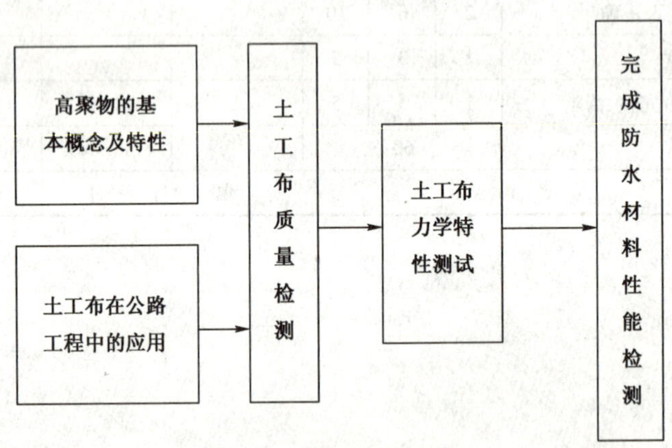

图 5-1　防水性能检测内容结构图

四、任 务 实 施

(一)项目引入

图 5-2 为某隧道节点防水构造，在隧道防水构造中，土工布是重要的材料，试对土工布的质量进行检验。

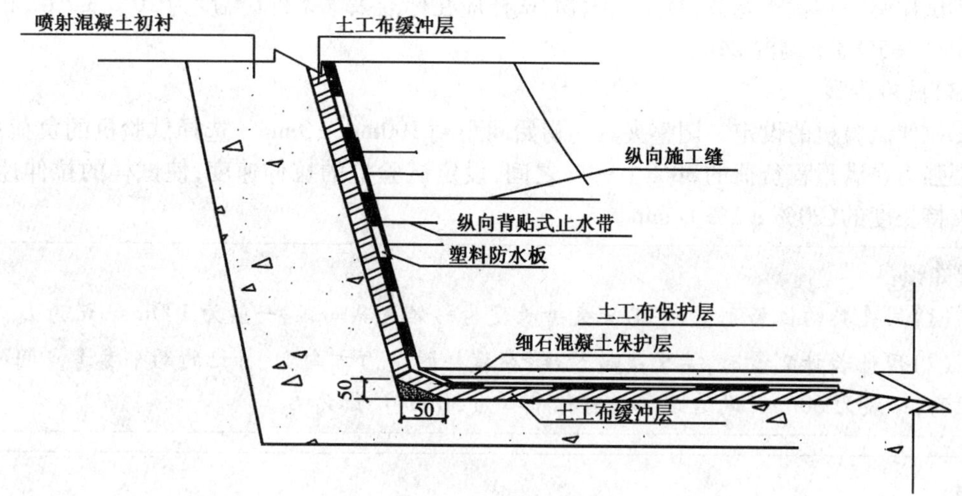

图 5-2　某隧道节点防水构造图

（二）学习准备

引导问题：在公路隧道中，土工布的主要作用是什么？

（1）试简述常用的高聚物材料的特性及分类。

（2）试简述几种常用的高聚物改性水泥混凝土的特点。

（三）计划与实施

1. 试验方案选择

引导问题：根据《公路工程土工合成材料试验规程》（JTG E50—2006）选择合适的试验方法对土工布进行检测。

2. 试验操作

引导问题：如何完成土工布宽条拉伸试验？

（1）试验准备

检查此次试验所需仪器设备是否齐全，见表 5-1。

表 5-1

仪器设备	任务完成则画“√”
拉伸试验机	□
夹具：钳口表面应具有足够宽度，至少应与试样 200mm 同宽	□
伸长计	□
蒸馏水、非离子润湿剂等	□

（2）准备工作

①分别以土工合成材料的纵向和横向作试验长边，剪取试样各 5 块。

②宽条试样：裁剪试样宽度为 200mm ± 1mm（不包括边缘），并有足够的长度，以保证夹具间距为 100mm。

③对于有纺土工织物，裁剪试样宽度为 220mm，再在两边拆去大约相同数量的纤维，使试样宽度达到 200mm ± 1mm 的名义试样宽度，有助于保持试验中试样的完整性。

④试样调湿和状态调节：对土工织物，试样应在标准大气条件（温度为20℃ ±2℃，相对湿度为65% ±5%）下调湿24h。

（3）试验步骤

①拉伸试验机的设定。调整夹具的初始间距到100mm ±3mm。选择试验机的负荷量程，使断裂强力在满量程负荷的30% ~90%之间，设定试验机的拉伸速度，使试样的拉伸速率为名义夹持长度的（20% ±1%）/min。

拓展知识：

（1）用夹具的位移测量时，名义夹持长度为初始夹具间距，一般为100mm，记为L_0。

（2）用伸长计测量时，名义夹持长度：在试样的受力方向上，标记的两个参考点间的初始距离，一般为60mm（两边距试样对称中心为30mm），记为L_0。

提示：

如使用绞盘夹具，在试验前应使绞盘中心间距保持最小，并在试验报告中注明使用了绞盘夹具。

②将试样对中放入夹具内对中夹持。

提示：

为方便对中，可事先在试样上画垂直于拉伸方向的两条相距100mm的下行线，使两条线尽可能贴近上、下夹具的边缘，夹紧夹具。

③试样预张：将已夹好的试件进行预张，预张力相当于最大负荷的1%，记录因预张试样产生的夹持长度的增加值L'_0。

提示：

使用伸长计时，在试样上相距60mm处分别设定标记点（分别距试样中心30mm），并安装伸长计，注意不能对试样有任何损伤，并确保试验中标记点无滑移。

④测定拉伸性能。开动试验机，连续加荷直至试样断裂，停机并恢复至初始标距位置，记录最大负荷，精确至满量程的0.2%；记录最大负荷下的伸长量ΔL，精确至小数点后一位。

提示：

（1）如试样在距钳口5mm范围内断裂，结果应剔除。

（2）纵横向每个方向至少试验5块有效试样。

当试样在钳口内打滑或者多于1/4的试样在钳口附近5mm范围内断裂时，可采取下列改进措施：

a. 钳口内加衬垫；

b. 对夹在钳口内的试样加以涂层；

c. 改进钳口面。

不论采取哪种措施，均应在试验报告中说明。

⑤测定特定伸长率下的拉伸力。使用合适的记录测量装置测定在任一特定伸长率下的拉伸力，精确至满量程的0.2%。

(4)结果整理与分析

①拉伸强度。土工织物的抗拉强度 α_f,可用下式计算:

$$\alpha_f = F_f C \tag{5-1}$$

式中:α_f——拉伸强度,kN/m;

F_f——最大负荷,kN;

C——对非织造品,高密织物或其他类似材料:

$$C = 1/B \tag{5-2}$$

式中:B——试样的名义宽度,m。

对于稀松机织土工织物、土工网、土工格栅或其他类似的松散结构材料:

$$C = N_m/N_s \tag{5-3}$$

式中:N_m——试样 1m 宽度内的拉伸单元数;

N_s——试样内的拉伸单元数。

②最大负荷下的伸长率 ε:

$$\varepsilon = \frac{\Delta L}{L_0 + L_0'} \times 100\%$$

式中:ε——伸长率,%;

L_0——名义夹持长度(使用夹具时为 100mm,使用伸长计时为 60mm);

L'_0——预负荷伸长量,mm;

ΔL——最大负荷下的伸长量,mm。

③特定伸长率下的拉伸力。计算每个试样在特定伸长率下的拉伸力。

例如,伸长率 2% 时的拉伸力为:

$$F_{2\%} = f_{2\%} C \tag{5-4}$$

式中:$F_{2\%}$——对应 2% 伸长率时每延米拉伸力,kN/m;

$f_{2\%}$——对应 2% 伸长率时试样的测定负荷,kN;

C——由式(5-2)或式(5-3)求得。

土工合成材料拉伸试验记录表见表 5-2。

(四)评价与反馈

1. 结果分析及学习评价

土工布的抗拉强度是________________,是否符合设计要求?________________

在完成任务的过程当中,最大的困难是什么?

____

____

____

你认为还需加强哪方面的指导(试验操作及理论知识)?

____

____

____

2. 学习工作过程评价表(表 5-3)

土工合成材料拉伸试验记录表 表5-2

委托单位		试验温度	
名称与型号		试验湿度	
仪器类型		拉伸速率	
试样状态		试样宽度	

序号	纵向拉伸				横向拉伸			
	初始长度（mm）	最终长度（mm）	延伸率（%）	拉力（N）	初始长度（mm）	最终长度（mm）	延伸率（%）	拉力（N）
1								
2								
3								
4								
5								
6								
7								
8								
9								
10								
平均值： 标准差 σ 变异系数 C_v（%）								
计算过程：								

试验者________计算者________校核者________试验日期________

任 务 评 分 表 表5-3

考核项目	分数			学生自评	小组互评	教师评价	小计
	差	中	好				
团队合作精神	1	3	5				
活动参与是否积极	1	3	5				
操作过程是否正确规范	5	15	25				
工具、设备使用是否规范	1	3	5				
试验结果计算是否正确	2	6	10				
劳动纪律	1	3	5				
试验记录表填写是否完整、清晰	1	3	5				
总分	60						
教师签字：					年 月 日	得分	

参考文献

[1] 中华人民共和国行业标准 JTG E41—2005　公路工程岩石试验规程[S]. 北京:人民交通出版社,2005.

[2] 中华人民共和国行业标准 JTG E42—2005　公路工程集料试验规程[S]. 北京:人民交通出版社,2005.

[3] 中华人民共和国行业标准 GB/T 14684—2001　建筑用砂[S]. 北京:中国标准出版社,2001.

[4] 中华人民共和国行业标准 GB 175—2007　通用硅酸盐水泥[S]. 北京:中国标准出版社,2007.

[5] 中华人民共和国行业标准 GB/T 17671—1999　水泥胶砂强度检验方法(ISO 法)[S]. 北京:中国标准出版社,1999.

[6] 中华人民共和国行业标准 JTG E30—2005　公路工程水泥及水泥混凝土试验规程[S]. 北京:人民交通出版社,2005.

[7] 中华人民共和国行业标准 JGJ 98—2000　砌筑砂浆配合比设计规程[S]. 北京:中国建筑工业出版社,2001.

[8] 中华人民共和国行业标准 JTJ/T 70—2009　建筑砂浆基本性能试验方法[S]. 北京:中国建筑工业出版社,2001.

[9] 中华人民共和国行业标准 JTG E51—2009　公路工程无机结合料稳定材料试验规程[S]. 北京:人民交通出版社,1994.

[10] 中华人民共和国行业标准 JTJ 034—2000　公路路面基层施工技术规范[S]. 北京:人民交通出版社,2000.

[11] 中华人民共和国行业标准 GB/T 14685—2001　建筑用卵石、碎石[S]. 北京:中国标准出版社,2001.

[12] 中华人民共和国行业标准 JTG F30—2003　公路水泥混凝土路面施工技术规范[S]. 北京:人民交通出版社,2003.

[13] 中华人民共和国行业标准 JTG D40—2002　公路水泥混凝土路面设计规范[S]. 北京:人民交通出版社.2002.

[14] 中华人民共和国行业标准 JGJ 55—2000 普通混凝土配合比设计规程[S]. 北京:中国建筑工业出版社,2001.

[15] 中华人民共和国行业标准 GB/T 50081—2002　普通混凝土力学性能试验方法标准[S]. 北京:中国计划出版社,2002.

[16] 中华人民共和国行业标准 JTG D62—2004　公路钢筋混凝土及预应力混凝土桥涵设计规范[S]. 北京:人民交通出版社,2004.

[17] 中华人民共和国行业标准 GB/T 228—2002　金属材料室温拉伸试验方法[S]. 北京:中国标准出版社,2002.

[18] 中华人民共和国行业标准 GB/T 232—1999　金属弯曲试验方法[S]. 北京:中国标准出版社,1999.

[19] 中华人民共和国行业标准 GB 1499.1—2008　钢筋混凝土用钢　第1部分:热轧光圆钢

筋[S].北京:中国标准出版社,2008.
[20] 中华人民共和国行业标准 GB 1499.2—2007 钢筋混凝土用钢第2部分:热轧带肋钢筋[S].北京:中国标准出版社,2007.
[21] 中华人民共和国行业标准 GB 13788—2008 冷轧带肋钢筋[S].北京:中国标准出版社,2008.
[22] 中华人民共和国行业标准 JTG F40—2004 公路沥青路面施工技术规范[S].北京:人民交通出版社,2004.
[23] 中华人民共和国行业标准 JTG D50—2006 公路沥青路面设计规范[S].北京:人民交通出版社,2006.
[24] 中华人民共和国行业标准 JTJ 052—2000 公路沥青及沥青混合料试验规程[S].北京:人民交通出版社,2000.
[25] 中华人民共和国行业标准 JTG E50—2006 公路工程土工合成材料试验规程[S].北京:人民交通出版社,2006.